豫北地区水土流失防治措施体系研究

双　瑞　左奎孟　常国兴　等编著

黄 河 水 利 出 版 社

·郑州·

内 容 提 要

本书围绕生态快速重建和水土资源高效持续开发利用，通过大量的试验观测数据，深入分析研究了豫北地区的水土流失基本特征。在此基础上，以小流域为单元，以生物措施为突破口，生物与工程措施相结合，试验研究适宜该地区生长的生物品种，以及与之相配套的工程措施形式，最终探索出一套该地区植被快速恢复与生态重建技术，科学地提出了豫北风化砂页岩区水土保持综合治理模式和优化配置技术。可供从事水土保持工作的科技人员阅读参考。

图书在版编目(CIP)数据

豫北地区水土流失防治措施体系研究/双瑞等编著. —郑州：黄河水利出版社，2011.5

ISBN 978-7-5509-0052-3

Ⅰ. ①豫… Ⅱ. ①双… Ⅲ. ①水土流失-防治-研究-河南省 Ⅳ. ①S157

中国版本图书馆 CIP 数据核字(2011)第 077639 号

出 版 社：黄河水利出版社

地址：河南省郑州市顺河路黄委会综合楼 14 层　　邮政编码：450003

发行单位：黄河水利出版社

发行部电话：0371-66026940、66020550、66028024、66022620(传真)

E-mail：hhslcbs@126.com

承印单位：黄河水利委员会印刷厂

开本：787 mm×1 092 mm　1/16

印张：8

字数：137 千字　　印数：1—1 000

版次：2011 年 5 月第 1 版　　印次：2011 年 5 月第 1 次印刷

定价：25.00 元

编写人员：

双　瑞	左奎孟	常国兴	李中生
琚龙昌	周万银	李继纲	张锡林
李长征	李素梅	逯林方	姜秀芳
尚德功	刘国富	李洪生	王中涛

前 言

为了探索豫北土石山区水土流失规律，寻求适宜的水土保持综合治理技术和治理模式，河南省水利厅于1980年开始，在豫北太行山区选择典型试验流域，最终选定黄河中游北岸的济源市虎岭河流域进行试验观测，并在济源承留镇虎岭村建立了"济源市水土保持科学研究所"。该所在省水利厅和地方科委等的支持与帮助下，在虎岭河流域全面布设试验观测设施，进行水土流失规律、水土保持治理技术与效益的研究。旨在通过观测分析、科学试验，探求土石山区水土流失的特征与规律；通过对主要治理措施的研究分析，找出最佳的综合治理模式，寻求最大的综合治理效益，控制水土流失、改善自然环境，为土石山区的持续发展提供基础条件。

济源市水土保持科学研究所在这一建所宗旨的指导下，认真开展试验研究近20年，取得了数十万个观测数据。期间，完成了多项适宜豫北土石山区推广的水土保持科研成果，并在太行山区的济源、新乡、焦作等地进行了推广应用，取得了显著的综合效益。作者选择其中两项获奖成果"豫北虎岭河流域水土流失防治体系研究"和"豫北风化砂页岩区水土保持治理技术研究"编辑出版，其目的就是把这些成果推荐给读者，以期为全省同类型区治理提供科学依据和借鉴经验，提高全省水土保持治理水平，加快流域治理和经济发展步伐，取得更大的经济、社会效益和环境效益。

对于水土保持治理，尚有许多问题有待深化研究，加之我们水平所限，不足之处在所难免，敬请读者批评指正。

作 者

2010年9月

目　录

第一篇　豫北虎岭河流域水土流失防治体系研究

1　水土流失特征研究

虎岭河流域位于东经112°22″~112°45″,北纬35°05′~35°17′,属黄河水系,面积10.4 km^2。

从20世纪50年代开始,在当地政府及水利等部门的通力协作下,经过广大干群的不懈努力,现在虎岭河流域山、水、田、林、路已综合治理。在治理中,生物、工程、农业技术措施有机结合,因地制宜、因害设防,形成了一套综合治理防护体系,农、林、牧、副、渔得到了全面发展,群众生活已达小康水平。

为了探索研究土石山区水土流失的规律和防治途径,1980年5月,经河南省水利厅批准,在土石山区选定具有代表性的济源市虎岭建立了“水土保持试验站”,并在所在虎岭河流域布设观测设施,进行水土流失规律、水土保持综合治理途径与效益的研究。

1.1　流域概况

虎岭河流域位于太行山南麓,测流断面以上面积8.73 km^2,属暖温带季风性大陆型气候。流域内山峦起伏,西高东低,沟壑纵横。海拔在325~1 150 m,沟壑密度3.5 km/km^2。干流长度6.8 km,平均比降62.0‰。流域形状系数0.9,平均宽度1.59 km,平均比降53.8‰,不对称系数2.42。

流域内地貌类型属土石山区,岩性主要有混合花岗岩、砂页岩等;土壤种类有砾质沙土、薄层黄土、薄层褐土等,其中以砾质沙土为主。

植被组成上乔木主要有栓皮栎、麻栎、刺槐、侧柏等,灌木有棠梨、黄荆、黄刺玫、连翘、山桃、酸枣等,藤本有葛藤、野葡萄、金银花,草本有白草、羊胡子草、茅草等,主要农作物有小麦、玉米、红薯、豆类,经济树种有桃、杏、梨、枣、柿、苹果、李等。流域内乔灌木覆盖面积达6.36 km^2,草木覆盖面积达1.34 km^2,林草覆盖率达88.2%。

流域内土壤侵蚀以水蚀为主,侵蚀方式多为面蚀。新中国成立以来,流域内已初步治理水土流失面积 7.89 km^2，占总面积的 91.4%，其中封山育林 7.7 km^2。修梯田 425 亩，修建塘堰坝 2 座，修补谷坊 450 个，灌溉渠道 8 500 m。

1.2 试验设施布设及资料收集

根据研究需要，在虎岭河流域设置了降雨观测点、测流断面和气象场，开展气象、降雨、径流、泥沙资料的观测收集工作（见图 1-1）。

图 1-1 济源市水土保持科学研究所虎岭河流域试验设施及地形图

1.2.1 降雨

虎岭河小流域共设 3 个雨量站，各站均设自记雨量计和普通雨量器两种仪器。其中赵沟、小北沟雨量站于 1982 年设站，内官亭于 1987 年 5 月 1 日设站。小北沟雨量站于 1986 年在原位置南移 300 m，更名为虎岭雨量站。小北沟、赵沟雨量站除服务小北沟、赵沟两个沟道断面外，和内官亭、虎岭雨量站共同参与虎岭河小流域面雨量的计算。

1.2.2 径流泥沙

虎岭断面上游集水面积 8.73 km^2，测流设施为喉道宽 10 m 的大型半巴歇尔量水槽，最大流量可测 85.3 m^3/s。在测流槽下游设一宽度为 1.2 m 的矩形堰,观测低水流量,于 1985 年 7 月 3 日开始径流及含沙量观测。

为了分析研究林区的蓄水保土效益,在干流左岸选择树木茂密的赵沟和非林区小北沟分别布设断面进行径流、泥沙的对比观测。其中,赵沟断面以上集水面积 0.78 km^2,断面设有喉道宽为 3 m 的半巴歇尔量水槽和顶角为 90°的三角堰,流量大于 0.190 m^3/s 时用量水槽测流,小于 0.190 m^3/s 时用三角堰测流。在断面上 5 m 处设沉沙池一个。小北沟断面以上集水面积 0.13 km^2,断面设喉道宽为 2.5 m 的半巴歇尔量水槽和顶角为 90°的三角堰,在断面上 5 m 设沉沙池一个。赵沟、小北沟两个断面于 1982 年开始平行观测,于 1988 年停测。

1.2.3　径流小区

为了研究生物措施的蓄水保土效益,布设了 4 个坡度为 15°、面积为 100 m^2 的标准人工观测小区,设置自记水位计和沉沙池进行径流、泥沙观测。

1.2.4　气象

1980 年设置虎岭气象场,其面积 320 m^2,场地海拔 329 m,观测项目有气压、气温、地温、风向、风速、蒸发等。

1.2.5　其他

阶段性收集了降雨林区枝冠截留、土壤理化、土壤入渗、土壤含水率变化等资料。

1.3　特征资料统计

1.3.1　气象特征统计

平均气温 13.8 ℃,最高气温 40.1 ℃,最低气温 −15.5 ℃,平均≥5 ℃活动积温 4 801.2 ℃,平均≥10 ℃活动积温 4 494.8 ℃,平均年蒸发量 1 260.6 mm。

1.3.2　降雨特征统计

最大年降水量 988.8 mm,最小年降水量 350.8 mm,多年平均降水量 728.2 mm,最大 3 天降雨量 381.4 mm,最大 1 天降雨量 229.0 mm。

1.3.3　径流泥沙

虎岭断面年径流模数 2.35 $dm^3/(s \cdot km^2)$,年输沙模数 2.58 t/km^2。

1.4　降雨频率曲线的确定

为了对周边小流域治理提供设计暴雨资料,对年降水和最大 2 小时降雨资料进行频率计算,年频率计算如表 1-1、表 1-2 所示,得多年降水量均值为 724.6 mm,$C_v = 0.30$,$C_s = 2C_v$,后经适线调整,$C_v = 0.35$,$C_s = 2C_v$,如图 1-2 所示。最大 2 小时频率计算如表 1-3,、表 1-4、图 1-3 所示。其中取 $C_v = 0.40$，$C_s = 2C_v$。

表 1-1　虎岭雨量点年降水量频率计算

年份	年降水量（mm）	序号	年降水量（mm）	K_i	$K_i - 1$	$(K_i - 1)^2$	$P = \frac{m}{n+1}(\%)$
1980	319.7	1	1 165.4	1.61	0.61	0.372	4.8
1981	427.6	2	963.9	1.33	0.33	0.109	9.5
1982	1 165.4	3	963.8	1.33	0.33	0.109	14.3
1983	963.8	4	943.2	1.30	0.30	0.090	19.0
1984	867.8	5	924.3	1.28	0.28	0.078	23.8
1985	755.1	6	867.4	1.20	0.20	0.040	28.6
1986	429.3	7	818.0	1.13	0.13	0.017	33.3
1987	778.6	8	787.0	1.09	0.09	0.008	38.1
1988	818.0	9	778.6	1.07	0.07	0.005	42.9
1989	772.9	10	772.9	1.06	0.06	0.004	47.6
1990	943.2	11	755.1	1.04	0.04	0.002	52.4
1991	549.0	12	718.0	0.99	−0.01	0	57.1
1992	718.0	13	688.1	0.95	−0.05	0.003	61.9
1993	641.6	14	641.6	0.89	−0.11	0.012	66.7
1994	688.1	15	549.0	0.76	−0.24	0.058	71.4
1995	546.4	16	546.4	0.75	−0.25	0.063	76.2
1996	924.3	17	432.3	0.60	−0.40	0.160	81.0
1997	432.3	18	429.3	0.59	−0.41	0.160	85.7
1998	963.9	19	427.6	0.59	−0.41	0.168	90.5
1999	787.0	20	319.7	0.44	−0.56	0.314	95.2
总计			14 491.6	20.00	0	1.780	

表 1-2　虎岭雨量点降雨量 C_v、C_s 适线计算

频率 P(%)		0.1	1	5	10	20	50	75	90	95	99
$\overline{P}=724.6$ $C_v=0.30$ $C_s=2C_v$	K_p	2.19	1.94	1.54	1.4	1.24	0.97	0.78	0.64	0.56	0.44
	P_p	1 586.9	1 405.7	1 115.9	1 014.4	898.5	702.9	565.2	463.7	405.8	318.8
$\overline{P}=724.6$ $C_v=0.35$ $C_s=2C_v$	K_p	2.44	2.00	1.64	1.417	1.28	0.96	0.75	0.59	0.51	0.37
	P_p	1 768.0	1 449.2	1 188.3	1 065.2	927.5	695.6	543.5	427.5	369.5	268.1

表 1-3　虎岭年最大 2 小时降雨频率计算

年份	年最大 2 小时降雨(mm)	序号	年最大 2 小时降雨(mm)	K_i	K_i-1	$(K_i-1)^2$	$P=\frac{m}{n+1}$(%)
1982	72.3	1	74.6	1.482	0.48	0.232	5.3
1983	74.6	2	72.4	1.438	0.44	0.192	10.5
1984	39.0	3	72.3	1.436	0.44	0.190	15.8
1985	52.4	4	72.2	1.434	0.43	0.189	21.1
1986	15.8	5	68.8	1.367	0.37	0.135	26.3
1987	34.0	6	66.5	1.321	0.32	0.103	31.6
1988	39.0	7	56.0	1.113	0.11	0.012	36.8
1989	56.0	8	55.7	1.107	0.11	0.012	42.1
1990	72.4	9	54.1	1.075	0.08	0.006	47.4
1991	43.7	10	52.4	1.041	0.04	0.002	52.6
1992	54.1	11	43.7	0.838	−0.16	0.026	57.9
1993	20.2	12	40.4	0.803	−0.20	0.040	63.2
1994	68.8	13	30.1	0.777	−0.22	0.048	68.4
1995	55.7	14	30.0	0.775	−0.22	0.048	73.7
1996	40.4	15	34.0	0.675	−0.32	0.102	78.9
1997	28.8	16	285.0	0.556	−0.44	0.197	84.2
1998	66.5	17	20.2	0.401	−0.60	0.360	89.5
1999	72.2	18	15.8	0.314	−0.69	0.476	94.7
总计			906	18.0	0	2.370	

表 1-4 虎岭年最大 2 小时降雨量 C_v、C_s 适线计算

频率 P(%)		0.1	1	5	10	20	50	75	90	95	99
$\bar{y}=50.3$	K_p	2.44	2.00	1.64	1.47	1.28	0.96	0.75	0.59	0.51	0.37
$C_v=0.35$											
$C_s=2C_v$	Y_p	122.8	100.6	82.5	74.0	64.4	48.3	37.7	29.7	25.7	18.6
$\bar{y}=50.3$	K_p	2.70	2.16	1.71	1.54	1.31	0.95	0.71	0.53	0.45	0.30
$C_v=0.40$											
$C_s=2C_v$	Y_p	135.9	108.7	87.6	77.5	65.9	47.8	35.7	26.7	22.6	15.1

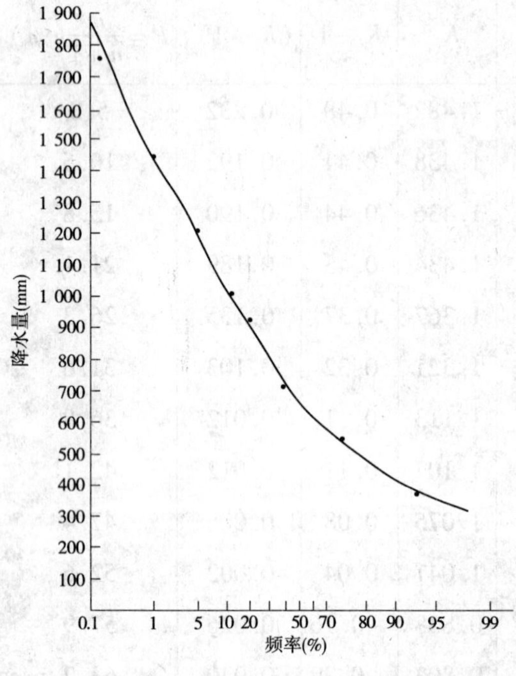

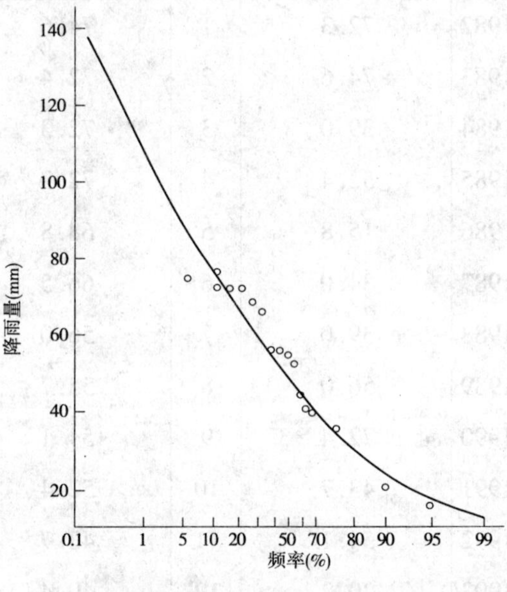

图 1-2 虎岭雨量点年降水量频率曲线 图 1-3 虎岭雨量点最大 2 小时降雨频率曲线

1.5 降雨、径流、泥沙的相关分析

虎岭流域 80% 为郁闭度达 0.8 的栎树林地,茂密的树林在以下四个方面影响着径流的形成过程和大小:①当降雨时,茂密的枝叶截留一部分降雨,并起到缓冲作用。②林区枯落物层覆盖物有较强的蓄滞水分能力和抗溅能力。③林内腐殖质加快了降雨的下渗速度。④林地的根系固地作用增强了土体的抗蚀能力。

虎岭流域由于受上述综合因素影响，形成了该流域的产流、产沙特征，经分析研究，其产流产沙过程除受降雨量的大小影响外，还受降雨强度的影响，因此在分析次洪水过程中，除虎岭断面用面雨量分析降雨径流关系、小北沟断面输沙量计算中选最大 30 分钟雨强作参数外，其余计算选平均雨强作参数进行研究。

1.5.1　虎岭断面

虎岭断面共有 15 年径流泥沙资料，其间产生洪水 80 次。

1.5.1.1　虎岭断面年径流深频率计算

虎岭断面年径流深频率计算如表 1-5、表 1-6 所示，点绘年径流深频率曲线如图 1-4 所示，其中取 $C_v = 0.85$、$C_s = 2C_v$。

表 1-5　虎岭流域年径流深频率计算

年份	年径流深（mm）	序号	年径流深（mm）	K_i	$K_i - 1$	$(K_i - 1)^2$	$P = \frac{m}{n+1}(\%)$
1986	20.5	1	164.7	2.82	1.82	3.312	6.7
1987	52.7	2	139.0	2.38	1.38	1.904	13.3
1988	139.0	3	99.0	1.70	0.70	0.49	20.0
1989	99.0	4	93.1	1.59	0.59	0.348	26.7
1990	164.7	5	88.0	1.51	0.51	0.260	33.3
1991	30.7	6	52.7	0.90	-0.10	0.010	40.0
1992	32.4	7	32.4	0.55	-0.45	0.203	46.7
1993	21.4	8	30.7	0.53	-0.47	0.221	53.3
1994	22.6	9	30.3	0.52	-0.48	0.230	60.0
1995	14.0	10	22.6	0.39	-0.61	0.372	66.7
1996	93.1	11	21.4	0.37	-0.63	0.397	73.3
1997	8.9	12	20.5	0.35	-0.65	0.423	80.0
1998	88.0	13	14.0	0.24	-0.76	0.578	86.7
1999	30.3	14	8.9	0.15	0.85	0.723	93.3
总计			817.3	14.0	0	9.471	

表 1-6　虎岭流域年径流深 C_v、C_s 适线计算

频率 P(%)		0.1	1	5	10	20	50	90	95	99
$\bar{y}=58.4$ $C_v=0.85$	K_p	5.69	3.93	2.675	2.125	1.56	0.775	0.18	0.1	0.03
$C_s=2C_v$	Y_p	332	23.0	156	124	91	45	11	6	21
$\bar{y}=58.4$ $C_v=0.9$	K_p	6.08	4.15	2.78	2.19	1.58	0.75	0.15	0.08	0.02
$C_s=2C_v$	Y_p	335	243	162	128	92	44	9	5	1

1.5.1.2　降雨径流关系图的建立

降雨降到地面直至形成径流流出出口断面，是一个非常复杂的演变过程。研究产流现象的目的就是要确定每一场雨的产流量的大小，其实质就是损失量的计算。在分析中采用降雨径流相关法计算，即建立 $P+P_a \sim R$ 曲线。

P——流域平均降雨量，mm；

R——洪水径流深，mm；

P_a——流域平均前期土壤含水量，mm，P_a 取 120 mm。

P_a 的计算公式为：

$$P_{a,t} = K(P_{t-1} + P_{a,t-1}) + P_t$$

式中　$P_{a,t}$——当日土壤含水量指标，mm；

P_{t-1}——前日降雨量，mm；

$P_{a,t-1}$——前日土壤含水量指标，mm；

P_t——当日降雨量；

K——日折减系数，与最大蓄水量和土壤蒸发值有关。

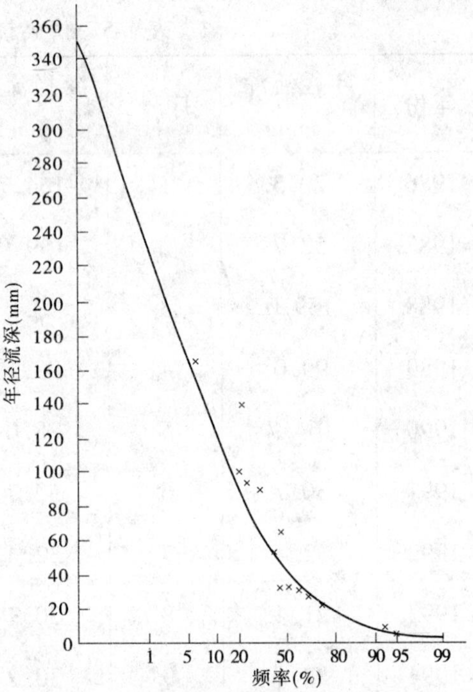

图 1-4　虎岭年径流深频率曲线

$$K = 1 - \frac{E_m}{I_m}$$

其中　E_m——土壤最大日蒸发量，mm；

I_m——土壤最大蓄水量，mm。

经分析，K 值取 0.9。

$P+P_a \sim R$ 曲线如图 1-5 所示。

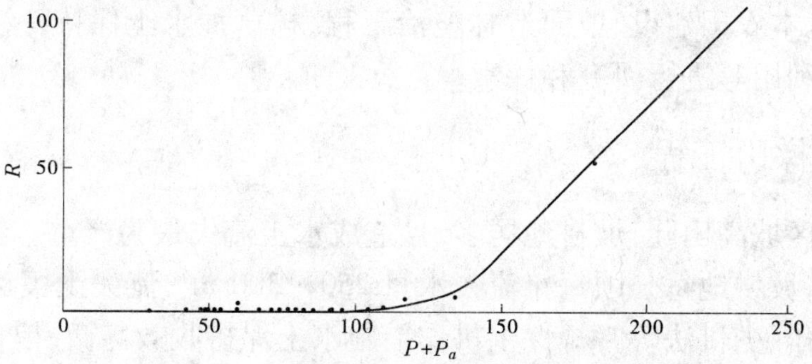

图 1-5　虎岭河 $P+P_a \sim R$ 相关图

1.5.1.3　降雨、雨强、输沙量相关分析

$$W_{沙}=2.47P+15.1\overline{P}_i-141 \quad r=0.80$$

式中　$W_{沙}$——输沙量，m^3；

P——降雨量，mm；

$\overline{P}_i$——平均雨强，mm/h；

r——相关系数。

1.5.2　赵沟断面

采用降雨量和平均雨强分析与其对应的径流量和泥沙量关系。

经相关分析得出：

$$W_{径}=243.5P+20.9\overline{P}_i-8\ 017 \quad r=0.94$$

$$W_{沙}=2.5P-0.09\overline{P}_i-80.4 \quad r=0.94$$

1.5.3　小北沟断面

采用雨量和雨强分析与其对应的径流量和泥沙量的关系。

相关分析得出：

$$W_{径}=267P+696.1\overline{P}_i-8\ 637 \quad r=0.82$$

$$W_{沙}=0.082P+2.28P_{i30}-19.6 \quad r=0.90$$

式中　P_{i30}——最大 30 分钟雨强，mm/30 min。

2　水土保持措施配置研究

豫北太行山区地形复杂，群山峥嵘，流域海拔高差多在 300 ~ 1 500 m，水土保持措施在各流域有较大差异。由于沟道治理工程如淤地坝、谷坊、塘堰坝等,都有比较完备的建设标准和设计、施工规范,因而本课题未对此再做深入研究,仅对基本农田建设、坡面造林整治工程、林草种水土保持特性及典型林草种的开发利用等进行研究和探索。

2.1 水平梯田工程

太行山区坡高山陡,坡耕地居多,且造成水土流失最为严重。经虎岭试验场小区试验,坡耕地每公顷每年流失水量250~300 m^3,流失土壤达到80 t以上。水平耕作、少耕法等常规保土耕作措施水土保持收效甚微,粮食高产地都为水平梯田和沟坝地。研究区沟坝地相对较少,因此本研究只对水平梯田工程进行详细对比试验和分析。

2.1.1 梯田的设计与施工

太行山区的梯田主要有石坎梯田和土坎梯田两种。新中国成立以来,太行山脚下的愚公儿女战天斗地,在兴修梯田方面取得了很大的成绩,积累了不少的经验。但还存在着规划不够合理、缺乏既经济又合理的田面宽度、施工技术不完善等问题。

2.1.1.1 田面宽度的确定

确定水平梯田田面宽度,是梯田设计的关键。田面宽度过宽,工程量大,费工多,埂坎稳定性差;田面宽度过窄,埂坎多,蒸发量大,土地利用率不高,增产幅度不显著。根据研究区多年的实践经验,田亩宽度应按地形、坡度、坎材等决定。最好是田面宽度控制在10~20 m,最窄不小于8 m,最宽不大于25 m。

2.1.1.2 埂坎高度的设计

埂坎高度以稳定为前提。豫北土石山区土坎高度一般为2.5~5.6 m,石坎高度一般低于3 m,外边坡1∶0.2,内坡垂直,根据稳定验算,安全系数超过1.5。埂高多为0.5 m。

2.1.1.3 梯田的施工

梯田施工的关键是保留表土,且保持埂坎的稳定。根据虎岭试验场试验,土坎须一次性修成,石坎多分两次完成,首次完成1.5~2 m的石坎施工,次年过汛后完成剩余工程。

保持表土的方法,有“倒梳子”、“蛇脱皮”、“抽槽法”等。保留表土,可使当年减产量大幅度缩小,地力迅速恢复,是实施坡改梯的关键因素之一。

2.1.2 水平梯田的效能

(1)拦截径流、控制泥沙。坡耕地每公顷每年流失水量250 m^3以上,流失土壤达80 t以上,修成水平梯田后,切断了集流沟道,拦蓄了地表径流,有效地控制了水土流失。根据虎岭试验场观测，梯田一般拦蓄地表径流90%以上，可控制泥沙87%～95%。

（2）蓄水保墒，增加土壤水分。水平梯田，可拦蓄日最大降雨量70～100 mm，使水不出田，使梯田土壤含水率一般比坡耕地高2.3%以上，缓和了干旱现象，俗称"土壤储水库"，起到抗旱的作用。梯田与坡耕地不同深度含水率对比见表1-7。

表1-7　梯田与坡耕地(12°)不同深度含水率对比

深度(cm)	含水率(%)		
	梯田	坡耕地	梯田比坡耕地高
5	12.9	11.4	1.5
10	15.6	12.8	2.8
20	16.4	13.9	2.5
30	18.4	14.9	3.5
40	18.4	16.6	1.8
50	18.0	16.5	1.5
平均	16.6	14.35	2.27

（3）保土保肥，提高地力。由于大量的水土流失，土壤中的有机质和氮、磷、钾等养分随之流走。据测定，每年每公顷坡耕地流失氮、磷、钾225 kg以上。有机质含量减少，土壤逐步瘠薄。而梯田不仅能保住养分，同时施入农田的各种肥料能全部积蓄在土壤里。

（4）梯田是提高粮食产量的首选措施。梯田能控制水土流失，"保水、保土、保肥"，一般可使粮食增产30%以上。据虎岭试验场试验，每公顷坡改梯可增产粮食6 000 kg，节约化肥1.2 t。

（5）便于实现水利化和机械化。坡耕地修成梯田后，便于机耕、精耕细作和科学种田，是实现水利化、机械化的前提。

（6）梯田是发展多种经营、调整农业经济结构的必由之路。坡耕地改造成水平梯田后，群众的吃粮问题得到解决，使退耕还林还草成为可能。退耕地种植经济林或优质牧草，农业用地比例大幅下降，林牧业用地持续增长，农业经济结构迅速调整，促进了农、林、牧、副各业的全面发展。

2.1.3　水平梯田的地力培肥技术

水平梯田修建过程中，虽十分注重保留表土，但原有耕作层的破坏仍将导致梯田当年及次年的产量下降，且由于工程施工期的延误，部分梯田完工后，当年已不能再种植冬小麦，因而一定程度上影响了群众坡改梯的积极性。

1993年，在济源邵原河东坪坡改梯工程进行了晚播小麦试验。试验田为当年新修水平梯田，面积8.4 hm^2。11月25日组织播种，比一般大田晚播近2个月。由于采用了加大播种量、选用优良品种、浸种催芽、地膜覆盖、加强管理等一系列措施，因而试验田小麦平均亩产达338.1 kg，最高亩产达434.1 kg，在1994年夏季干旱、粮食普遍减产的情况下，试验田小麦喜获丰收。

在济源市下冶乡三教村1990年春刚修好的14.5 hm^2 水平梯田种植地膜春玉米，获得了平均亩产650.5 kg的好收成。主要采取的技术措施有：一是深翻碎土、精细整地。土地平整结束后，及时深耕35 cm，结合耙地，打碎坷垃，把死土整活。二是进行地膜覆盖，提高地温，加速土壤熟化。三是合理施肥，重施底肥，每公顷施有机肥60 m^3、碳铵1 125 kg、过磷酸钙1 500 kg。玉米出苗20天后，及时对挖方处的弱苗追施人粪尿一次，促弱转壮。大喇叭口期，再追施碳铵750 kg。由于采取的技术合理，示范田玉米长势喜人。河南省玉米专家吴道均仔细测产后，情不自禁地说：在新改造的生土地上长这么好的玉米，我从来没有看到过，真是了不起。原省委书记侯宗宾视察后说：这是一个成功的示范，是旱地农业的转播台。

2.2　栎树林水土保持效益研究

2.2.1　试验区自然概况

试验区选择蟒河的一级支流虎岭河流域，土壤为二叠纪砂页岩母质风化而成的砂石土，海拔320～1 050 m。试验选择流域内栎树林茂密的赵沟，同时选择植被覆盖度较差的小北沟进行对比观测。两条沟均为南北走向，相互平行，地形、地质、土壤比较一致，具备一定的可比性，其基本情况和流域特征值见表1-8、表1-9。

表1-8　试验沟基本情况

沟别	面积(hm^2)	住户(户)	耕地(hm^2)	林地(hm^2)	河道(hm^2)	荒坡(hm^2)	森林覆盖率(%)	主要植物种类	人为活动情况
赵沟	78.0	1	2.40	73.93	0.67	1.0	94.8	栎	有放牧
小北沟	13.0	0	1.03	2.33	0.20	9.44	17.9	栎、杨、白草	重度放牧

表1-9　试验沟地形及流域特征值

沟别	面积(hm^2)	主沟长(m)	平均沟宽(m)	形状系数	平均比降(‰)	平均坡度(‰)	坡度组成(%)		
							0°～20°	21°～30°	31°～40°
赵沟	78.0	2 250	377	0.177	151.8	54.5	5	36.4	53.6
小北沟	13.0	980	137	0.144	119.6	41.7	54.1	15.4	30.5

2.2.2　试验结果及效益分析

2.2.2.1　水土保持效益

赵沟与小北沟相距2 km。8年平均降水天数，赵沟比小北沟多3.9天，降水量多63.3 mm，汛期降水量赵沟比小北沟多38.9 mm。但8年内小北沟共发生64次洪水，赵沟发生48次洪水。无论径流量还是土壤侵蚀量，赵沟都远低于小北沟，显示了栎树林良好的水土保持作用。

1）栎树林在次洪水中的削洪、减沙效益

为了进一步探讨栎树林的水土保持作用，分别在两条沟的次洪水中，选择了雨量和雨强比较近似的9次洪水，对径流和土壤侵蚀量进行比较（见表1-10）。

表1-10说明，一般情况下，赵沟由于栎树林的作用，洪水量比小北沟削减85.5%，泥沙量减少98.8%以上；1982年7月30日的一次特大暴雨，日雨量250 mm，赵沟仍比小北沟的洪水减少65.5%，泥沙减少65.1%。该次暴雨过程中，全市许多“大寨田”被洪水冲毁，而虎岭河流域内所修的400余亩梯田，却安然无恙，秋季喜获丰收。

2）从年洪水量和侵蚀模数看栎树林的作用

为了消除偶然性因素造成的误差，进一步说明栎树林的水土保持作用，对全年的单位面积洪水量和侵蚀模数进行比较（见表1-11）。

从表1-11看出，8年平均赵沟的单位面积洪水量和土壤侵蚀模数分别比小北沟减少79.7%和93.1%。赵沟和小北沟的土壤侵蚀模数年平均分别为141 t/km^2、2 041 t/km^2。据测定，栎树林区赵沟土壤侵蚀悬移质与推移质之比为1∶0.07，小北沟的悬移质与推移质的比例为1∶1.12。按此比值计，赵沟的年土壤实际侵蚀量为151 t/km^2，小北沟的年土壤实际侵蚀量为4 327 t/km^2。栎树林区赵沟比非林区小北沟土壤实际流失量减少96.5%，可见栎树林的水土保持效益十分显著。

3）栎树林对产流、产沙关系的影响

同一地质地貌的流域，洪水量的大小，土壤侵蚀量的多少，取决于雨量、雨强以及土壤前期含水量等因素。地质条件相同的不同流域，森林植被度的多少，又成为影响洪水与土壤侵蚀量的主要因素。现仅就赵沟和小北沟的8年实测资料，通过建立暴雨和洪水、洪水与泥沙的关系式，来分析栎树林对产流、产沙的影响。

（1）暴雨与洪水的关系：

赵沟　　$Q = 0.725H^{1.92}$　　$r = 0.77$

表 1-10　栎树林在次洪水中的削洪减沙效益

洪水出现时间（年-月-日）	降雨量(mm)		平均雨强(mm/h)		径流深(mm)		削减率（%）	单位面积土壤侵蚀量(t/km^2)		削减率（%）
	赵沟	小北沟	赵沟	小北沟	赵沟	小北沟		赵沟	小北沟	
1980-08-30	13.3	10.0	33.2	30.0	0.269	0.892	69.8	2.99	11.5	74
1981-07-15	31.0	30.1	7.3	4.3	0.22	1.662	98.8	0.008	22.5	100
1982-06-20	25.7	16.5	4.5	6.0	0.054	0.700	92.3	0.159	15.0	98.9
1982-07-31	266.5	253.8	12.0	11.4	82.3	238.3	65.5	8 854	2 446	65.1
1983-07-28	31.1	34.4	20.7	25.8	0.506	15.085	96.5	7.71	657	98.8
1984-08-11	33.7	39.0	28.8	29.3	0.445	10.338	95.7	4.49	495	99.1
1985-07-23	52.7	46.3	22.6	17.9	0.691	4.870	85.8	0.090	60.7	99.9
1986-08-18	15.5	15.8	15.5	13.5	0.072	1.577	95.4	0.105	41.2	99.7
1987-08-13	74.8	68.0	6.5	5.0	0.365	10.985	96.7	0.863	116	99.3

小北沟　　$Q=8.02H^{1.92}$　　$r=0.75$

式中　Q——单位面积洪水量，m^3/km^2；

H——一次暴雨量，mm。

表 1-11　栎树林对全年洪水和土壤侵蚀模数削减效益观测成果

年份	年降水量(mm)		汛期降水量(mm)		单位面积径流量(m^3/km^2)		削减率
	赵沟	小北沟	赵沟	小北沟	赵沟	小北沟	(%)
1980			202.9	159.7	2 440	21 510	88.7
1981	427.3	382.1	308.8	277.0	31	2 985	98.9
1982	1 165.4	988.8	943.8	813.3	133 800	494 500	72.9
1983	963.8	886.4	653.5	629.8	15 460	147 800	89.5
1984	867.4	819.4	641.2	643.5	15 410	49 430	68.8
1985	783.9	726.3	565.7	520.63	1 087	68 220	98.4
1986	442.7	415.8	327.8	304.2	113	4 754	97.6
1987	784.0	773.2	668.2	652.9	828	43 650	98.1
合计	5 434.8	4 992.0	4 311.9	4 000.7	169 200	832 900	0
平均	776.4	713.2	539.0	500.1	21 150	704 100	79.7

(2)洪水与土壤侵蚀模数关系：

赵沟　　$S=\dfrac{Q^{1.45}}{1\,500}$　　$r=0.88$

小北沟　　$S=\dfrac{Q^{1.20}}{645}$　　$r=0.85$

式中　S——土壤侵蚀模数，t/(km^2·a)；

Q——单位面积洪水量，m^3/km^2。

从以上关系式可以看出，两组关系式分别在相同降雨量和相同洪水量的情况下，小北沟的洪水量和土壤侵蚀模数分别比赵沟大得多。分析其原因，主要是赵沟的栎树林覆盖率比小北沟大 79.6%，赵沟栎树林的减洪减沙效益显著。

2.2.2.2　栎树林削洪、减沙原因分析

1)栎树林内枯落物有滞蓄水分作用

栎树林区赵沟的枯落物层，一般厚达 3~15 cm，部分地方可达 50 cm 以上，平均每公顷风干枯落物重达 7.6 t。这些疏松的海绵状覆盖物孔隙大，有比较强的滞蓄水分能力。完全干燥状态下，枯落物吸水能力可达本身重量的 1.6~2.6 倍。1987 年 10 月 12 日，降雨量 62.6 mm，平均强度 2.5 mm/h。雨停后对未产流的赵沟调查，发现 15 cm 厚的枯落层下边，仍未完全湿透。对其采样烘干称重，平均含水率为 159.4%。土壤剖面 A_1 层(0~5 cm)含水率

24.5%，A_2 层（5 ~ 20 cm）土壤含水率 17.2%。同期林外草地土壤（50 ~ 20 cm）含水率 18.3%，高于林内同层土壤的含水量。4 天以后对林内土壤水分再进行测定，林内 A_1 层含水率降至 18.5%，A_2 层含水率增至 19.7%，而林外草地土壤含水率降至 14.3%。据长期观测，林区枯落物层下边的土壤水分均高于林外草地土壤水分。可见，栎树林枯落物可以滞蓄水分，减少径流量，平时起涵养水源的作用。如图 1-6 所示。

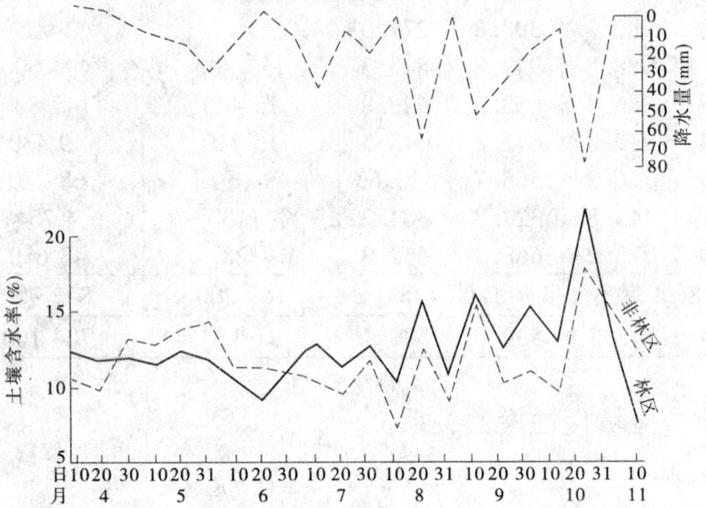

图 1-6 土壤含水率图（1986-04-10 ~ 1986-11-10）

（0 ~ 40 cm）

2）栎树林冠截留降雨的作用

栎树属硬阔叶树种，叶厚而粗大，树体枝干比一般树种更为粗糙，吸水能力也更大。测定柴松林、辽东栎林、山杨林、白桦林、沙棘灌丛每公顷的鲜枝叶重量分别为 76.4 t、62.4 t、58.8 t、45.45 t、25.7 t，表面吸水量分别为 9.5 t、45.2 t、18.8 t、16.24 t、10.2 t。五种树以辽东栎吸水量最大。

赵沟栎树林覆盖率达 94.8%，郁闭度 0.7 ~ 0.8。经过二年对郁闭度0.8、20 年树龄的树冠截留降雨的测定表明，当降雨量 0.1 ~ 3 mm 时，截留率可达 50% ~ 100%；当降雨量 3 ~ 35 mm 时，截留率一般达 15% ~ 50%；当降雨量大于 35 mm 后，截留能力变得很有限。此外，降雨强度越大时，截留能力越小。1983 年 9 月 7 日降雨 167.3 mm，截留量为 9.6 mm，只占 5.7%，同年 9 月 4 日降雨量 30.9 mm，强度达 11.2 mm/h，截留率只有 5.2%。本地区一次降雨 3 ~ 35 mm的次数，占年总降雨次数的 80% 以上。可见栎树林冠的截留降雨作用，对减少径流量会产生一定的影响。另外，栎树林冠和枯落物对地面的覆盖，使土壤免遭雨滴的直接打击，也降低了雨水对土壤的溅蚀作用。

3)改良土壤结构、提高地表入渗

本地区群众由于烧煤比较方便,所以林内腐殖质层一般可积累1~3 cm厚,有的地方达5 cm。土壤有机质平均4.5%,高的可达6.85%。这些物质形成了丰富的土壤胶体,使土壤团聚体增多,土壤结构改变,容重减小。据测定,林内土壤容重为1.39 g/cm³,林外草地土壤容重为1.58 g/cm³。0~15 cm土层土壤饱和持水量林内为38.5%,林外同层土壤为29.6%。土壤水分渗透速度,林内初渗为10.39~26.67 mm/min,稳渗为5.2 mm/min;而林外草地土壤水分初渗速度3.59~17.02 mm/min,稳渗为1.3 mm/min。如图1-7所示。由于林地土壤持水量和渗透速度的增大,地表径流量林地比非林地大幅度减少。

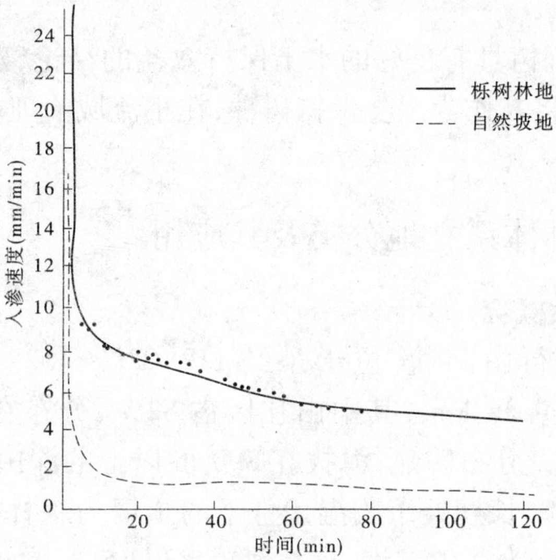

图1-7 土壤入渗曲线图

4)栎树根系的固土作用

栎树的根系比较发达,据调查,15年生栎树高8 m,胸径16.7 cm,主根长达65 cm,一级侧根26条,长1~5 m;二级侧根178条,长0.3~1.5 m。这些根多分布在0.2~1.5 m的土层中,如网络一样,将土壤与石块牢牢地固结在一起,增强了土体的抗蚀能力。

2.2.2.3 栎树林的生态适应性

栎树属深根性树种,主根明显,根系发达,萌蘖能力强,耐干旱瘠薄,抗风,对土壤要求不严,酸性、中性、钙质土,pH值4~8均能生长。在我国东北至西南的广大地区均有分布。其中,以长江流域和黄河中下游最多。在黄土丘陵、土石山区、土层浅薄干燥的山脊、岩石裸露的陡坡石缝均可正常生长。栎树间伐以后的次生幼林生长迅速,4 年株高达 4.9 m,胸径 6.5 cm,一般 7~9 年可以伐椽。本地及太行山多为土石山地或石质山区,土壤干旱瘠薄,树木生长难度大。因而,栎树更适宜作为本地区营造水源涵养林的主要树种。

2.2.3 结语

(1)栎树成林之后,不仅有显著的水土保持作用,而且栎树的木材和果实都有比较高的经济价值。栎树耐干旱、瘠薄,适应范围广,对土壤条件要求不严,在岩浆岩、沉积岩、变质岩的各种地质条件形成的土壤都能生长。

(2)栎树的不足之处是实生苗生长比较缓慢。但采伐以后的次生幼树生长迅速。值得注意的是,目前人工栽培栎树比较少见,原有次生林面积又不断缩小。

(3)鉴于以上栎树具有良好的水土保持效益的结论,建议:①保护好原有的次生栎树林。②将其作为水土保持树种,在小流域治理中,特别是在太行山区进行人工栽培。

2.3 水土保持林体系立地分类及其应用

2.3.1 研究区自然概况

济源市地处太行山南麓,位于东经 112°02′~112°45′、北纬 34°53′~35°17′,总面积 1 931.26 km^2,其中山丘区占 82%,分布在北部、西部和东南部。山区土壤的垂直分布明显,海拔在 800 m 以上的深山区是针阔混交植被带,森林覆盖率 62%,长期处于阴湿条件下的土壤为森林棕壤土;海拔 800 m 以下的浅山丘陵区多为荒山荒坡,森林覆盖率仅 15%,自然土壤为褐土类。

西部和北部的低山区,地形起伏较大,坡陡土薄,砾石含量高,植被稀疏,剥蚀、侵蚀较重,土壤为发育在砂页岩和石灰岩上的褐土性土;沿黄河一带零星分布有碳酸盐褐土;东南部黄土丘陵,土层深厚,沟壑纵横,侵蚀严重,自然土壤为疏松的次生黄土,发育的黄土质普通褐土。

2.3.2 水土保持林体系立地分类的方法及依据

生态学观点认为,即使同一地区,在不同地形和土壤条件下,可能有不同的适生植物种类或生长效果不同的同类植物。而根据气候、地质、地貌、地形部位、坡度、土壤质地、砾石含量等条件划分立地类型,找出不同类型的适生水土保持植物种类,在水土流失治理中就可以加速蓄水保土效益、经济效益、社会效益为一体的水土保持林体系的形成。

2.3.2.1 立地分类原则及分类系统

根据济源市浅山丘陵的自然特点和当地现有的水土保持造林技术水平,

分类应具有科学性和实用性,做到直观易测、可行方便。基于这一要求,本地区立地分类的原则是:

(1)掌握地域立地分异规律,采取逐级分类、分区分类;

(2)地质、地貌一致性;

(3)综合多因子与主导因子控制相结合;

(4)以水土保持区划为基础,林学、水土保持相结合的分类;

(5)生态经济原则,即论证经济植物的适应性,以求其在发挥蓄水保土效益的同时,开发经济效益。

按上述原则,结合本地区实际和生产需要,确定立地分类系统为四级:

济源市浅山丘陵立地类型区,下分:

立地类型亚区

立地类型组

立地类型

2.3.2.2　立地分类的方法

由于研究区内地形、地貌差别较大,母岩及成土母质、土壤、植被、水土流失特点和治理方向等都有一定不同,为便于规划治理中科学地确定植物种类及寻找相应的水土保持造林技术措施,在此采用分区分类方法。

1)立地类型亚区的划分

本研究选用30个典型样地资料,对母岩母质、地貌、土壤类型、有效土厚、土壤侵蚀模数等五项因子进行模糊聚类。

为了使量纲不同的因子均能参加比较,先将各因子的原始资料按表1-12赋值。

表1-12　立地因子赋值

赋值	1	2	3	4
母岩母质	石灰岩	砂页岩	石质黄土	
地貌	浅山丘陵	丘陵沟壑		
土壤类型	褐土性土	碳酸盐褐土	普通褐土	
有效土厚(cm)	<30	30~60	60~100	>100
土壤侵蚀模数(t/(km² · a))	<2 000	2 000~4 000	4 000~6 000	>6 000

将各因子的赋值按下式进行标准化转换:

$$Z_{ij} = \frac{X_{ij} - x_j}{\sigma_j} \quad i = 1,2,3,\cdots,30;j = 1,2,3,4,5$$

式中 X_{ij}——第 i 个样点第 j 个因子赋值数据;

x_j, σ_j——样本第 j 个因子赋值的平均数和均方差。

于是得到标准化数据阵(略)。

取定论域 $U=(1,2,3,\cdots,30)$,采用取补的距离系数法,由计算机计算相似系数,最后以 $r=0.87$ 为划分域值。整个样本划分4个状态集,即济源市浅山丘陵区划分为四个立地亚区。

(1)砂页岩石质山丘亚区。该区多为荒山荒坡,是济源市水土保持的战略重点。成土母质为砂页岩类风化物,土薄坡陡,土壤质地较轻,砂石含量较高。主要树种有刺槐、栎类、侧柏、柿树、黄连木、臭椿、白榆、花椒、黄刺玫、酸枣、黄栌等,草本植物有白草、茅草、黄背草、菊类、蒿类、冬凌草等,本区土壤侵蚀模数为4 000~6 000 t/(km^2·a),侵蚀形式为面蚀、沟蚀。其中相当一部分山地,基岩呈裸露的风化沙化状态,治理难度很大。

(2)黄土覆盖土石山丘亚区。该区成土母质为黄土或黄土状物质,多耕地,浑圆丘顶及部分坡面为林业用地。黄土厚薄不一,含砂姜或石砾,基岩为砂页岩,质地中壤至重壤。自然植被以黄荆、黄刺玫、杠柳、悬钩子、白草为主,人工植被主要为刺槐。本区土壤侵蚀以面蚀、沟蚀为主,侵蚀模数4 000~6 000 t/(km^2·a)。

(3)黄土丘陵沟壑亚区。该区成土母质为第四纪黄土,土层深厚,沟壑纵横,大部分地方修为水平梯田,丘顶及较高部位有部分刺槐林地。自然植被以杠柳、白草、茅草为主。该类土壤团粒结构能力弱,易遭冲刷,主要侵蚀形式为面蚀、沟蚀、重力侵蚀,侵蚀模数为6 000~8 000 t/(km^2·a)。

(4)石灰岩石质低山亚区。该区成土母质为石灰岩风化物的残积坡积物,土层极薄,砾石含量较高,岩石裸露占较大面积,风化程度较差。植物种类主要为侧柏、臭椿、山皂荚、胡枝子、酸枣、白草、冬凌草等。土壤侵蚀模数为400~800 t/(km^2·a),本区立地条件最差,土壤侵蚀程度轻,但潜在危险程度高。

2)立地类型组及立地类型的划分

为了做到科学分类,先以各个亚区为单位,将调查搜集到的各亚区的主要水土保持树种生长与其立地因子的关系数据分别进行整理,然后把反映植物生长立地条件最敏感的林分优势木平均高作因变量,各立地因子作定性项目,树龄取常用对数作定量项目,根据各因子的不同水平对各树种高生长影响程度分别划分若干等级作类目,根据项目、类目的划分标准,通过引入示性函数实行定量转化:

$$S_{t(ij)}=\begin{cases}1 & \text{当第 } t \text{ 个标准地第 } i \text{ 个项目的定性数据属第 } j \text{ 个类目时}\\ 0 & \text{否则}\end{cases}$$

通过建立数量化 I 的混合数学模型：

$$Y_t = \sum_{i=1}^{m}\sum_{j=1}^{Z} S_{t(ij)} b_{ij} + b_i \lg A + \varepsilon t$$

式中　Y_t——第 t 个标准地的优势木平均高；

$S_{t(ij)}$——第 t 个标准地第 i 个项目 j 类目的反应值；

b_{ij}——第 i 个项目 j 类目的得分值；

b_i——$\lg A$ 的得分值，都为待定系数；

$\lg A$——树龄的对数值；

εt——第 t 个标准地的随机误差。

借助计算机采用逐步回归方法筛选出影响林木生长的主导因子，以主导因子法划分立地类型组和立地类型。

通过对影响土壤水分、养分及林木生长的立地因子的综合分析评价，研究取得以下结论：

(1)砂页岩石质山丘亚区立地主导因子为地形部位、土厚和坡度。其中地形部位作为分组依据。立地类型的命名方法为：地形部位级 + 坡度级 + 土层厚度级。各因子分级标准如下：

地形部位：阴坡、阳坡、沟底三级。

坡　　度：缓陡坡≤35°、急坡＞35°两级。

土层厚度：薄土≤30 cm、中厚土＞30 cm 两级。

(2)黄土覆盖土石山丘亚区的主导因子为地形部位和土厚。其中地形部位作为分组依据，立地类型的命名方法为：地形部位级 + 土层厚度级。各因子分级标准如下：

地形部位：阴坡、阳坡(含丘顶)、沟底三级。

土层厚度：中薄土≤60 cm、厚土＞60 cm 两级。

(3)黄土丘陵沟壑亚区的土层厚度不成为林木生长的限制因子，根据该区的土壤水分效应及土地利用情况，以地形部位作为立地类型的划分依据比较科学。分四级：丘顶、阴坡、阳坡、沟底。该区不再划分类型组。

(4)石灰岩石质低山亚区土层普遍较薄，砾石含量较高，立地条件的优劣可以在地形部位上直接表现出来，因而把地形部位作为直接分类的依据，不再分组。

对特殊类型进行单独命名。

2.3.3 立地分类成果及其应用技术

2.3.3.1 立地分类成果表的编制

综上分析,济源市浅山丘陵区划分为4个立地亚区、4个类型组、26个立地类型(见表1-13)

表1-13 济源市浅山丘陵区立地分类成果

立地亚区	类型组	立地类型	适生水土保持植物
砂页岩石质山丘亚区 01 02 04 06	阴坡组	阴向缓陡坡中厚土型	刺槐、栓皮栎、花椒、山楂、山茱萸、沙棘
		阴向缓陡坡薄土型	栓皮栎、侧柏、刺槐、酸枣、黄栌、沙棘
		阴向急坡中厚土型	刺槐、沙棘、栓皮栎、侧柏、臭椿、黄荆
		阴向急坡中厚土型	刺槐、沙棘、栓皮栎、侧柏
	阳坡组	阳向缓陡坡中厚土型	玉皇李、山楂、花椒、刺槐、栓皮栎
		阳向缓陡坡薄土型	栓皮栎、侧柏、酸枣、棠梨、黄栌、黄刺玫、连翘
		阳向急坡中厚土型	刺槐、栓皮栎、臭椿、黄荆、黄栌、沙棘
		阳向急坡薄土型	侧柏、酸枣、棠梨、黄栌、黄刺玫
	沟底型		刺槐、栓皮栎、毛白杨、小叶杨、臭椿、沙棘、黄荆、酸枣
	基岩裸露风化型		酸枣、棠梨、盐肤木,建议试验:沙棘、火炬树
黄土覆盖土石山丘亚区 01 02 03 05	阴坡组	阴坡厚土型	山楂、玉皇李、侧柏、黄连木
		阴坡中薄土型	刺槐、玉皇李、侧柏、黄刺玫
	阳坡组	阳坡厚土型	苹果、山茱萸、山楂、玉皇李、刺槐、黄连木
		阳坡中薄土型	刺槐、侧柏、沙棘、黄荆、黄刺玫
	沟底型		刺槐、毛白杨、小叶杨、苹果、山楂

续表 1-13

立地亚区	类型组	立地类型	适生水土保持植物
黄土丘陵沟壑亚区 01 02 03		丘顶型	刺槐、侧柏
		阴坡型	山楂、刺槐
		阳坡型	刺槐、侧柏、山楂
		沟底型	柳树、毛白杨、白榆、芦苇
石灰岩石质低山亚区 03 04		阴坡型	侧柏、臭椿、冬凌草、黄荆
		沟底型	核桃、侧柏、黄荆、冬凌草
		山前倾斜洪积砾质土型	苹果、核桃、侧柏、毛白杨、花椒 注:需经治理改造
特殊类型		沿黄滩地沙土型	玉皇李、白榆、柿树、泡桐
		地边埂	花椒、桑、柿、山楂、山茱萸、冬凌草以及其他经济价值较高的条、草、花、药等本土植物。

注:在本区,适应性强、生长效果较好的水土保持牧草主要有沙打旺、小冠花和紫花苜蓿三种,此表不再分别列出。立地亚区中编号为可供选用的整地工程编号,不同立地类型的整地工程编号可参见表 1-14 选择。

表 1-14　水土保持造林整地工程措施

序号	整地工程	适用的立地类型及配套技术措施
01	水平沟整地	适于 25°～35°的厚土层坡面,采取沟内造林
02	水平阶整地	适于缓坡薄土层坡面,台阶中间植树种草
03	反坡梯田整地	适于土层较厚,坡面整齐、35°以下的坡面,用于营造水土保持经济林
04	鱼鳞坑整地	适于土薄、地形破碎的陡坡
05	竹节壕	水土流失严重立地类型的坡面截水工程,与水平阶、鱼鳞坑等配合布设。水平间距:缓坡 20 m、陡坡 10 m
06	小型淤地坝	适于砂页岩亚区岩石裸露、风化较强、流失严重、坡度较陡的支毛沟。淤平后营造沟底防冲林

2.3.3.2　立地分类成果的应用

该分类成果通过在试点小流域中应用、推广,证明其实用性强,效益明显,因而可以在整个豫北水土流失区进一步扩大推广。

1)应用分类成果绘制小流域立地图

小流域立地图的编绘是目前国内立地分类研究的一项新内容,它可以直观地反映基本治理单元的立地特征和质量,便于治理规划和实施。

首先要确定出小流域的位置,并在立地分区图上查出该流域所涉及的立地亚区,通过查阅立地分类成果表即可掌握基本立地特征。然后作路线调查,掌握地形、土壤、植被等变化规律,草绘出各立地类型的边界;如有条件可在草绘边界后,在室内进行航片转绘,并参考路线调查的记载资料进行调整,最后对照"立地分类成果表"核准。各立地类型间的边界全部确定后,清绘立地图。

2)解决水土保持林体系营造中的具体实际问题

适地适种(灌草)和工程整地技术是水土保持造林中最基本的工作。根据成果提供的资料可解决当地水土保持造林的难题,查找水土保持造林失败的原因,改变过去治理单纯从生态着眼,单一营造乔木林的偏向。按分类成果中提供的水土保持植物种类进一步设计各立地亚区的生物措施配置模式,可加速本区乔灌草立体多层次生物防护体系建设进程,促进生态经济的良性循环。

(1)砂页岩石质山丘亚区模式:上坡+中下坡+沟底=灌草+乔草+乔(经济林)。

(2)黄土覆盖土石山丘亚区模式:丘顶、坡面+沟底=乔灌草+经济林或用材林。

(3)黄土丘陵沟壑亚区模式:丘陵+坡面+地埂+沟底=乔草+经济林+经济植物或泡桐+耐阴湿用材林或芦苇防冲林。

(4)石灰岩石质低山亚区模式:山顶、坡面+坡麓=乔灌+经济林。

关于在规划中的应用,可按小流域立地图的编绘方法,结合"立地分类成果表"中提供的植物种类和工程整地措施及上述各亚区的配置模式进行配套设计,并在小流域立地图中以立地类型为单位标出,以便实施。

3)成果应用效益

本研究在研究的同时,曾组织济源市有关技术人员在治理中进行配套应用试点和推广,并根据研究提供的各立地亚区水土流失特点及治理方向,及时把该区治理中心转移到砂页岩石质山丘亚区和黄土覆盖土石山丘亚区的连片区内,采取工程整地、乔灌草结合、多林种配置的方法进行规划、治理,从而使水土保持治理速度大大加快,山区生态经济效益显著提高。1995~1999年4年间治理面积相当于新中国成立后35年治理面积的总和。据调查,每年减少了77.6万~155.2万t土壤流失,即相当于每年有349~698 hm^2 耕地的耕作层免于流失。山区生态条件的改善,促进了农业的发展,使农业总产值由

1 485万元(1982 年)提高到 8 446 万元(1988 年)。试点小流域神仙沟新中国成立后 8 次治理均无成效,应用该技术一次治理成功,林草成活率达 90% 以上,综合治理度达 70%。

2.4　冬凌草的人工栽培与水土保持效益试验研究

冬凌草有较高的药用价值及水土保持效能,但野生面积有限,广泛开发利用存在着资源危机,开展冬凌草的人工栽培驯化,并进一步对其水土保持效益进行定量研究,对水土流失区发展生态经济具有重要的现实意义。

2.4.1　试验场设置及自然状况

试验场地设置在济源市水土保持科学研究所虎岭试验场,位于东经 112°22′、北纬35°05′,海拔 330 m。主要气候特征为冬干、春旱、秋涝。据试验场实测气象资料:年平均气温 13.8 ℃,极端最高气温 40.1℃,极端最低气温 -15.5 ℃,≥10 ℃年有效积温为 4 494.8 ℃,年日照时数 2 364 h,年均降水量 728.2 mm,无霜期 223 d。繁育试验地地势平坦,土壤为褐土,质地壤土,地下水位在 1.5 m 以下,土壤理化性质见表 1-15。

表 1-15　试验地土壤理化性质分析

土层(cm)	速效氮(mg/kg)	速效磷(mg/kg)	速效钾(mg/kg)	有机质(%)	pH 值	质地
0 ~25	52.5	7.7	140	0.80	8.2	轻壤

人工径流试验小区的坡度为 15°,面积为 20 m ×5 m,试验区分别设置冬凌草、金银花人工种植区与空白区进行对比观测。冬凌草、金银花人工种植区内各种植冬凌草和金银花 404 株。

2.4.2　试验研究的内容和方法

2.4.2.1　繁育栽培技术

1)播种育苗

冬凌草播种出苗率低,出苗期长,幼苗孱弱。为缩短出苗期,提高出苗率,摸清出苗后的管理技术,首先应确定种子的最佳处理,突破播种育苗关。为此,本研究着重对种子的采收、处理以及播种时间、深度、播种基质进行了试验研究。

2)扦插育苗

冬凌草花期较长,果实成熟期不一,采种较为困难;并且种子小,饱满率低,给播种育苗带来不便。为加速繁殖,保持其优良性状,连续两年,本研究于每年 5 月和 7 ~8 月两次,开展了冬凌草的扦插繁殖试验。

2.4.2.2 水土保持效能

采用标准径流小区下设集水池，测定降雨径流量和土壤侵蚀量；采用蘸水法测定冬凌草枝叶的截持降水量；采用浸水法测定枯落物的持水量；采用环刀法测定草地土壤容重；用双环渗透仪测定草地的渗透率；选择有代表性的样株，分层挖根系，测定冬凌草的地下生物量和根部含水量。

2.4.3 冬凌草的人工栽培试验

2.4.3.1 繁育技术

1）播种育苗

（1）种子采收。采用刈割后堆放收集和就株采集种子的方法进行种子采收，用晒干和阴干两种方法进行干燥处理。经种子发芽率对比试验，两种采收方法的种子发芽率差异不明显。但晒干和阴干两种干燥处理方法中阴干比晒干的发芽率高得多，后者为35%～47%，前者为79%～82%。

（2）净种。因冬凌草籽小、质轻，千粒重仅为0.592 g，所以不宜风选，而应采用筛选和水选相结合的方法。首先对种子揉搓，然后经5 mm孔径筛筛过，用0.5%洗衣粉水搓洗油质，最后进行水选。这样得到的种子净度可达90%。

（3）种子处理。冬凌草种子小，饱满率低，加上外披蜡质，妨碍吸水，不利种子发芽，导致发芽率、出苗率低，出苗持续时间长。据调查，野生资源自然传播的出苗率还不足1%。因此，研究采用3种不同的种子处理方法进行对比试验，发芽情况见表1-16。

表1-16 不同处理方法冬凌草种子的发芽情况

特征值	处理Ⅰ	处理Ⅱ	处理Ⅲ	对照（不处理）
初萌日(d)	2	2	2	3
发芽势(%)	66	79	72	46
高峰值(pv)	24	27	29	22
发芽率(%)	92	95	91	82
发芽日数(d)	8	8	8	9

注：试验在25 ℃的恒温暗箱中进行。处理Ⅰ为100 mg/kg ABT1号处理1 h，处理Ⅱ为100 mg/kg ABT2号处理1 h，处理Ⅲ为45 ℃温水浸种24 h。

从表1-16可以看出，不论哪种方法，只要能腐蚀种子蜡质、软化果壳，并给予适当温度，都能收到较理想的发芽效果。由此看出，冬凌草发芽率的高低直接取决于采种和净种处理。

(4)播种时间。对冬播和春播两个播期的不同处理进行对比,结果见表1-17。

表1-17　冬春两季不同播期对冬凌草出苗率的影响　(%)

年度	冬播出苗率			春播出苗率		
	处理Ⅱ	处理Ⅲ	对照	处理Ⅱ	处理Ⅲ	对照
第一年		69.2	38.7		48.1	27.6
第二年	86.2	67.3	41.5	70.4	47.6	28.7
第三年	87.7	68.6	45.6	69.8	51.3	31.3

注:1.冬播为11月种子采收后至封冻前播种,春播为翌年3月播种。
2.处理Ⅱ、Ⅲ同表1-16。

试验表明,冬凌草以冬季播种效果为好,出苗率比春播高12.8%以上。冬播以100 mg/kg ABT2号处理最佳,出苗率高达87.7%。

(5)播种深度与播种基质。试验结果表明,冬凌草种子适宜播种深度为2 cm。播种深度过浅或过深,出苗率均显著下降。播床以疏松的腐殖土为最佳,腐殖土播床出苗率高达68.6%,主要原因是其持水性、通透性好。虽然沙质通透性也较好,但其保水性能差,种子易干燥失水,从而影响出苗。

(6)苗期管理。采用常规的锄草、间苗、灌水方法进行管理。

2)扦插育苗

采集无病虫害的野生冬凌草枝条,将茎或枝条剪成10~15 cm长,按基部、中部、梢部分别堆放,要求每个枝条有2个节间,带叶3~4片;上部剪口在第一片叶1~1.5 cm处平剪,下剪口在节处平剪,剪口要平滑。剪后,将插穗先在清水中浸泡2 h,然后再分组将插穗分别在50 mg/kg(即每kg清水中50 mgABT1号或ABT2号生根粉)和100 mg/kg(即每kg清水中100 mgABT1号或ABT2号生根粉)的ABT1号、2号生根粉溶液中浸0.5~1.0 h后扦插。扦插前先开沟。塑料大棚沙床扦插深度4~5 cm,大田扦插深度6~7 cm,行距20 cm,株距以扦插后叶面互不拥挤重叠为宜,插后即喷水或灌水。插穗在清水中浸2 h直接扦插为对照组。

(1)塑料大棚育苗。插床底铺卵石,上面铺放豆石,最上面铺干净的河沙,含水率为15%,保持棚内相对湿度80%~90%,气温控制在30 ℃以下,分5月和7月两次进行。

结果表明,ABT生根粉处理后,插穗5~7 d开始生根。1号生根粉处理的插穗,16 d后生根率达到92%~94%,单条可生一级根32~95条,加上分根、毛根可达数百条，整个根系密如蛛网。未经处理的对照组、扦插10～15 d后，只有少数插穗逐渐开始发根；20 d后，生根最多的插条其一级根也只有15条。

(2)大田扦插。选择通风、向阳、灌溉条件好的沙壤土地在7～8月进行扦插试验，经常保持土壤湿润。

当年生的冬凌草茎、枝采用不同处理方法，其生根率不同(见表1-18)。经过ABT生根粉处理的插穗一般在大田扦插15 d左右开始生根，而对照组则需25 d左右。从表1-18中可以看出，以50 mg/kg、100 mg/kg ABT1号生根粉处理后的插条生根效果最佳，其生根率可以达到90%以上。

表1-18 不同处理方法大田扦插生根效果统计

处理方法	处理时间(h)	调查株数(株)	生根率(%)	平均一级根数(条)	根长(cm)	毛根分化程度
ABT1号50 mg/kg	0.5～1.0	130	90.5	34	11.5	强
ABT2号50 mg/kg	0.5～1.0	140	66.3	20	7.3	中
ABT1号100 mg/kg	0.5～1.0	118	90.1	37	9.0	强
ABT2号100 mg/kg	0.5～1.0	129	80.2	22	8.0	中
水浸对照组	2.0	169	57.4	4	3.2	无

注：插后2个月统计。

将冬凌草的枝部按基部、中部、梢部三个不同部位分别作插穗进行扦插，结果表明，同一插条的不同部位生根效果不同，从基部到梢部生根率呈明显递减趋势：基部为94%，中部为85%，梢部为51%。

3)截根、分蘖育苗

(1)截根。在冬末春初将二年生以上的健壮冬凌草植株的根部刨出后，选无病虫害的根，切成7～10 cm长的小段，埋入土中，压实后浇定根水，结果见表1-19。

表1-19 截根与分蘖繁殖苗木成活率及生长量对比

繁殖方法	调查株数	成活率(%)	地上生长量			根系		
			丛高(cm)	冠幅(cm×cm)	分枝数	根长(cm)	根幅(cm×cm)	分根条数
截根	220	86.4	50	30×35	12	28	15×22	18
分蘖	224	95.25	75	40×50	19	39	20×35	22

(2)分蘖。于冬末春初将丛生冬凌草挖出后进行分根，使每个子株带2～3个根芽，然后覆土、压实、灌水，观测结果见表1-19。

试验结果表明，截根与分蘖繁殖都具有成活率高、成苗快的优点，适宜生产上应用。但在野外采集繁殖材料时，应采取挖大留小、挖多留少、挖稠留稀、分区轮流采挖等加强保护的人工调控方法，做到挖根不断根，以利于自然繁衍，保证资源的永续利用。

2.4.3.2　冬凌草的植苗栽培试验

冬凌草发叶较早，最适宜的植苗移栽时间为早春2月。大田栽培密度一般为0.4 m×0.6 m，林药间作的株距为0.6 m左右。每穴2株，按常规的小规格造林方法栽培。

冬凌草当年栽培，当年即可收获受益。据观测，栽培第一年，植株最高达80 cm，生物量可达200～400 kg/亩。第二年生长最旺，植株最高可达130 cm，生物量可超过600 kg/亩。栽培第三年后，由于萌生能力较强，密度逐渐增大，单株生长受到一定限制，但生物总量不降低。为了提高经济利用率，一般需要在第四年春季隔株挖根，进行抚育复壮。

2.4.3.3　人工栽培冬凌草的性状考察

为进一步研究冬凌草人工栽培后的价值，研究其大面积发展的可行性，济源市水土保持科学研究所在不同海拔和不同立地类型区采集冬凌草种子、种条、种根分别繁殖栽培，进行生物学、生态学特征、生产量考察。试验观察结果表明，其遗传特征稳定，人工栽培的冬凌草其生物学、生态学特征均与野生无明显差异，而且其中仍能保持抗肿瘤有效成分——冬凌草甲素含量在0.4%左右。这与文献中记载的野生冬凌草含量接近，说明其有较高的栽培利用价值。

值得注意的是，在人们习惯使用中，唇形科香茶菜属植物被统称为“冬凌草”而入药。实际上，这些植物多数只有抑菌、消炎作用，只有冬凌草具有抗肿瘤作用，药用价值较高，因此在人工繁育和栽培中应加以区别。

人工栽培冬凌草的性状鉴别：人工栽培的冬凌草植株较野生为高，可达50～130 cm。茎为四棱型。叶对生，叶片皱缩，卵形或宽卵形，先端渐尖，基部楔形，骤然下延成假翅，上表面绿棕色，有腺点，下表面绿色，沿叶脉被疏柔毛。紫蓝或淡红色聚伞圆锥花序顶生，花小，花冠二唇形。小坚果宽倒卵形，顶端无毛。花期8～10月，果期9～11月。12月地上部干枯以后，在气温降至0 ℃以下的早晨，日出前其茎凝结许多卷曲的白色冰片。叶及茎气微香，味苦、甘。

2.4.4　冬凌草的水土保持效益试验

观测表明，冬凌草枝叶繁茂，具有迅速覆盖地表的特性，一年生冬凌草的蓄水保土作用明显优于金银花，观测结果见表1-20。二年生以上冬凌草、金银

表1-20 冬凌草、金银花小区及空白区径流泥沙观测成果

日期			降水量	历时	平均强度	最大瞬时强度	小区	总径流量	总输沙量	平均含沙量	最大流量	径流	侵蚀模数	附注
年	月	日	(mm)	(min)	(mm/min)	(mm/min)	名称	(m^3)	(kg)	(kg/m^3)	(dm^3/s)	系数	(g/m^2)	
1989	7	7	17.6	108	0.16	0.48	冬凌草	0	0	0	0	0	0	未产流
							金银花	0.36	5.62	15.6	0.28	0.204	56.2	
							空白区	0.40	6.98	17.5	0.32	0.227	69.8	
		20	55.7	108	0.52	1.25	冬凌草	0.95	6.16	6.48	1.19	0.171	61.6	
							金银花	2.86	1.1	38.8	2.03	0.513	1 110	
							空白区	3.15	132	41.9	2.85	0.565	1 320	
		21	36.8	180	0.20	1.83	冬凌草	1.83	16.9	9.23	1.19	0.497	169	
							金银花	2.66	64.4	24.2	3.11	0.722	644	
							空白区	2.93	74.0	25.3	4.33	0.796	740	
	8	16	48.7	420	0.12	0.56	冬凌草	0	0	0	0	0	0	未产流
							金银花	1.57	7.14	4.55	0.81	0.322	71.4	
							空白区	1.88	8.87	4.72	1.24	0.386	88.7	
1990	6	14	25.0	25	1.00	1.14	冬凌草	1.55	6.68	58.1	4.08	0.460	56.8	
							金银花	1.55	111	71.6	5.08	0.581	1 110	
							空白区	1.68	130	77.4	5.96	0.672	1 300	
		24	17.3	40	0.43	0.60	冬凌草	0.73	5.77	7.90	0.580	0.420	57.7	
							金银花	1.05	10.7	10.2	0.750	0.607	107	
							空白区	1.16	12.8	11.0	0.900	0.670	128	

续表 1-20

日期 年	月	日	降水量(mm)	历时(min)	平均强度(mm/min)	最大瞬时强度(mm/min)	小区名称	总径流量(m^3)	总输沙量(kg)	平均含沙量(kg/m^3)	最大流量(dm^3/s)	径流系数	侵蚀模数(g/m^2)	附注
1990	7	16	27.1	35	0.77	1.06	冬凌草	1.39	66.9	48.1	1.30	0.802	669	二年生、三年生冬凌草和金银花在 1990 年 7 月 28 日降雨量 36.8 mm，雨强 55.2 mm/h；8 月 27 日降雨总量 112.4 mm，雨强 21.0 mm/h；1991 年 8 月 26 日降雨量 58 mm，雨强为 29 mm/h 等各次较大降雨中均未产流，减沙效益达 100%。本表所列为一年生冬凌草区的径流泥沙成果
							金银花	1.57	100	63.7	1.87	0.579	1 000	
							空白区	1.83	125	68.3	2.50	0.675	1 250	
		28	36.8	40	0.92	1.50	冬凌草	2.03	86.6	41.6	2.77	0.565	866	
							金银花	2.64	142	53.8	2.84	0.717	1 420	
							空白区	3.17	180	56.8	3.22	0.861	1 800	
	8	11	27.0	50	0.54	1.54	冬凌草	0.73	19.0	31.2	0.61	0.270	190	
							金银花	1.28	48.0	37.5	1.07	0.474	480	
							空白区	1.53	59.6	39.0	1.56	0.567	596	
		14	22.7	198	0.15	0.28	冬凌草	0.29	3.14	19.6	0.16	0.128	31.4	
							金银花	0.38	8.79	23.6	0.40	0.167	89.7	
							空白区	0.45	11.8	26.2	0.69	0.198	1 180	
		16	51.7	880	0.06	0.42	冬凌草	1.05	6.94	6.61	0.370	0.203	69.4	
							金银花	1.52	12.3	8.42	0.630	0.294	128	
							空白区	1.83	17.4	9.51	0.852	0.354	174	
		27	112.4	318	0.35	1.93	冬凌草	8.50	1 180	132	4.44	0.759	11 200	
							金银花	9.30	1 500	161	4.69	0.779	15 000	
							空白区	9.83	1 040	107	4.98	0.875	18 400	

花的径流区,在各次降雨过程中均未产流。

小区产流时,在地面形成了一定数量的侵蚀沟,经过汛后测定,冬凌草区的土壤侵蚀量较空白区减少56%,较金银花区减少46.5%,见表1-21。

表1-21　一年生冬凌草、金银花侵蚀沟测定

小区名称	平均沟深(cm)	平均沟宽(cm)	沟条数	沟总长(m)	侵蚀量(m^3)	合计(m^3)
冬凌草	5	3	10	8.0	0.012	0.567
	10	5	4	15.0	0.075	
	20	10	2	24.0	0.460	
金银花	5	3	6	12.0	0.018	1.059
	10	5	3	13.0	0.065	
	20	10	2	27.0	0.548	
	30	15	1	9.5	0.428	
空白区	5	3	10	15.0	0.023	1.289
	10	5	4	16.0	0.080	
	20	10	2	32.3	0.646	
	30	15	1	12.0	0.540	

2.4.4.1　冬凌草对径流、泥沙量的影响

从表1-21中可以看出,空白对照区和金银花区径流量、输沙量均明显高于冬凌草区。在一般情况下,一年生冬凌草的削洪效益在30%以上,减沙效益可达50%以上。二年生以上冬凌草区在各次降雨条件下均未产生径流,削洪减沙效益100%。

2.4.4.2　冬凌草与金银花区的径流过程对比分析

两种植物均为一年生,以1990年8月16日径流过程为例,当时冬凌草覆盖度为50%,金银花覆盖度为32%,过程线如图1-8所示。

从图中可以看出:

(1)冬凌草小区产流初损值较大。金银花区在23时55分开始产生径流,当时因雨强及降雨量较小,冬凌草区未产流,阵雨全部损失。金银花复式峰的第1个峰高于第2个峰,冬凌草复式峰的第1个峰低于第2个峰。表明一年生冬凌草区的初损值明显大于金银花区。

(2)冬凌草小区径流过程比金银花区径流过程明显后移。这表现在冬凌草区起涨点晚20 min,峰顶滞后15 min,结束晚30 min。冬凌草洪水过程线峰

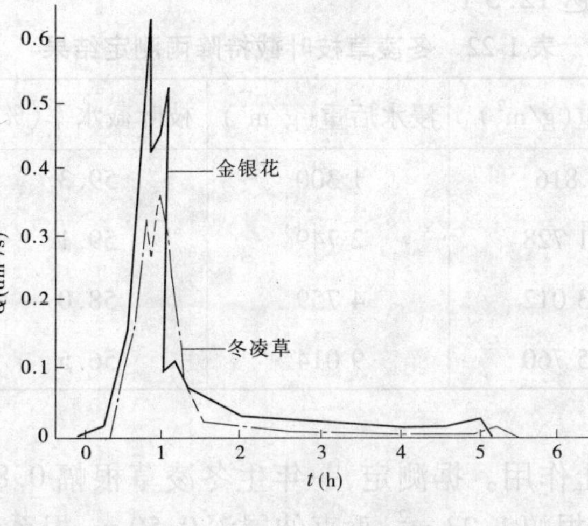

图 1-8 1990 年 8 月 16 日洪峰流量对比过程线

段变化较缓；洪峰形状圆滑。金银花区洪水过程线峰段变化较陡，洪峰形状尖瘦。这表明，一年生冬凌草对径流的调节作用优于金银花。

(3)洪峰量的削减。金银花小区最大流量为 0.63 dm^3/s，冬凌草小区最大流量为 0.37 dm^3/s，削减洪峰流量 41.5%。

通过对洪水过程的对比分析，可以看出，冬凌草区拦蓄降雨明显，对径流调节作用强，削减洪峰显著，具有较好的水土保持效益。

2.4.4.3 冬凌草抗蚀机理的探讨分析

根据试验分析，冬凌草的水土保持效能主要表现在以下几个方面：

(1)冬凌草枝叶承接降雨。冬凌草具有发叶早、生长迅速的特点，株、行距按 0.4 m×0.6 m 栽植的冬凌草，一年生覆盖度可达 60%，二年生冬凌草在汛期来临前，已枝叶繁茂，形成郁闭。加之冬凌草叶皱缩，表面糙度大，截留了一部分雨水，其余的经一次或几次阻留后，慢慢滴落地表，使地面免遭暴雨的直接打击。冬凌草枝叶承接降雨造成降雨量的损失及降雨强度的降低，相应地减少了冬凌草小区的径流量和泥沙量，并延长径流时间，起到了较好的保持水土作用。

从表 1-22 可以看出，覆盖度和持水量的关系大致趋势是：覆盖度大的持水量相应增大。当二年生冬凌草覆盖度达到 95% 以上时，其饱和持水量每公顷达 32.6 t。

(2)枯枝落叶物的吸水。冬凌草落下的大量叶子铺盖地表，保护地表免遭降雨的溅击和径流的侵蚀，增大了地表入渗。据测定，二年生冬凌草平均枯落物厚达 2~3 cm，平均吸水重量为自身重的 2.9 倍，每公顷枯叶重 4.32 t，每公顷枯落物持水量达 12.5 t。

表 1-22　冬凌草枝叶截持降雨测定结果

覆盖度(%)	鲜重(g/m^2)	浸水后重(g/m^2)	枝叶截水率(%)	持水量(kg/hm^2)
40	816	1 300	59.3	4 845
60	1 728	2 749	59.1	10 215
80	3 012	4 759	58.0	17 475
>95	5 760	9 014	56.5	32 565

(3)根系的固土作用。据测定,一年生冬凌草根幅 0.82 m^2,垂直伸展深度 0.44 m。二年生根幅 1.23 m^2,垂直伸展深 0.50 m,根系分布情况见图 1-9、图 1-10、表 1-23。

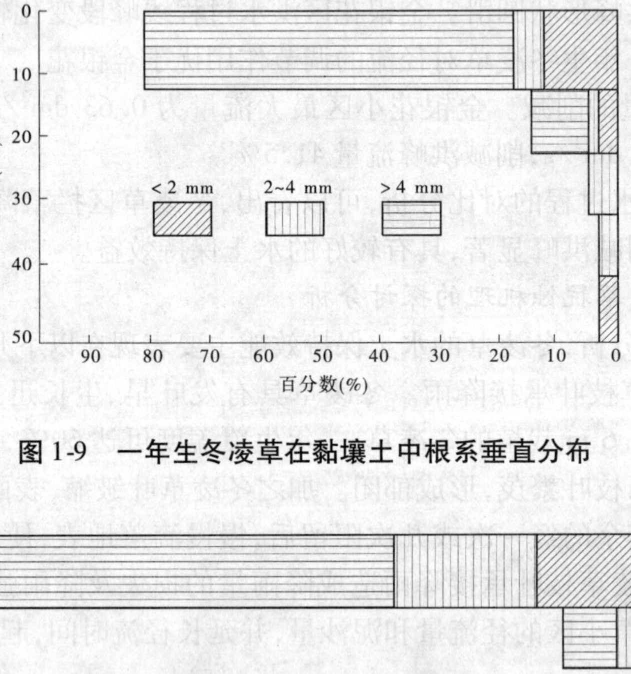

图 1-9　一年生冬凌草在黏壤土中根系垂直分布

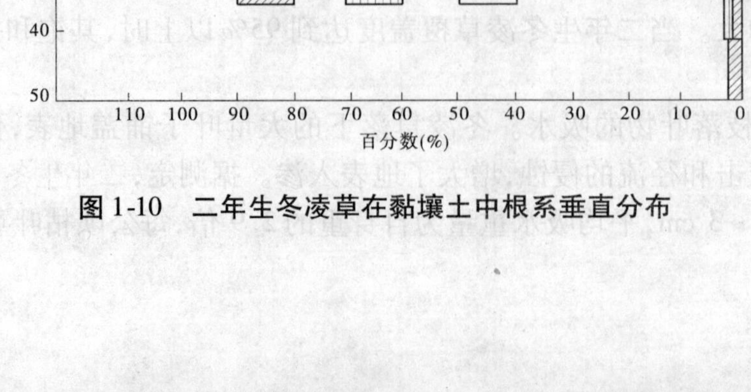

图 1-10　二年生冬凌草在黏壤土中根系垂直分布

表 1-23　冬凌草地下部分生物量调查

年龄	土层(cm)	根径(mm)	样品鲜重(g)	样品干重(g)	含水量(g)	含水率(%)
一年生	1~10	<2	105.19	52.32	52.87	101.0
		2~4	51.09	26.16	24.93	95.3
		4~6	117.41	60.33	57.08	94.6
		6~8	124.53	81.13	43.4	53.5
		>8	187.32	125.51	61.81	49.2
	10~20	<2	29.96	15.40	14.56	94.5
		2~4	12.73	6.60	6.13	92.9
		4~6	35.10	22.04	13.06	59.3
		6~8	27.58	18.05	9.53	52.8
	20~30	<2	11.13	5.58	5.55	99.5
		2~4	33.16	20.59	12.57	61.0
	30~40	2~4	17.32	11.42	6.90	60.4
	40~50	<2	15.54	10.57	4.97	47.0
二年生	0~10	<2	280.08	140.08	140.60	100.0
		2~4	264.78	144.57	120.21	83.2
		4~6	166.56	96.00	70.56	73.5
		6~8	188.10	112.89	75.21	66.6
		>8	358.32	217.80	140.52	64.5
	10~20	<2	45.54	22.72	22.82	100.0
		2~4	43.71	27.00	16.71	61.9
		4~6	78.45	52.86	25.59	48.4
	20~30	<2	14.67	7.28	7.39	102.0
		2~4	13.57	6.94	6.63	95.5
	30~40	<2	10.21	4.98	5.23	105.0
		2~4	28.00	14.29	13.71	95.9
	40~50	<2	23.52	11.70	11.82	101.0

通过图表可以看出,一年生冬凌草根系的 76.2%、二年生冬凌草根系的 81.7%分布在 0~10 cm 表土层。这些根系在表土层呈水平状纵横交错,构成了密实的根网,网络团结土壤,有效地阻止了水力侵蚀的形成和下切。

(4)对土壤透水性能的改善。冬凌草根系发达,穿透力强,随生长期增长,不断生长扩展,使土壤变得疏松多孔,给地表水渗入土壤打开了许多"通道”。据测定,坡耕地栽培冬凌草前的土壤容重为 1.63 g/cm^3,栽培冬凌草三年后重新测定,其土壤容重 1.43 g/cm^3,减轻了 12.3%,显示出冬凌草能较好地改善土壤的渗透性和保水性。

为探讨冬凌草区土壤渗透规律,济源市水土保持科学研究所在冬凌草区和空白区进行了渗透对比测定,见表 1-24、表 1-25、图 1-11。

表 1-24　冬凌草区渗透试验测定

连续时间(min)	渗透速度(mm/min)	连续时间(min)	渗透速度(mm/min)
5	1.000	60	0.510
10	0.860	70	0.472
15	0.790	80	0.443
20	0.750	90	0.420
25	0.705	100	0.415
30	0.673	110	0.391
35	0.630	120	0.384
40	0.600	130	0.376
45	0.580	140	0.365
50	0.550	150	0.360
55	0.520	160	0.360

表 1-25　空白区渗透试验测定

连续时间(min)	渗透速度(mm/min)	连续时间(min)	渗透速度(mm/min)
5	0.700	90	0.190
10	0.610	100	0.178
15	0.525	110	0.167
20	0.480	120	0.154
25	0.428	130	0.155
30	0.390	140	0.140
35	0.369	150	0.135
40	0.335	160	0.137
45	0.320	170	0.133
50	0.297	180	0.132
55	0.286	190	0.131
60	0.260	200	0.130
70	0.230	210	0.130
80	0.206		

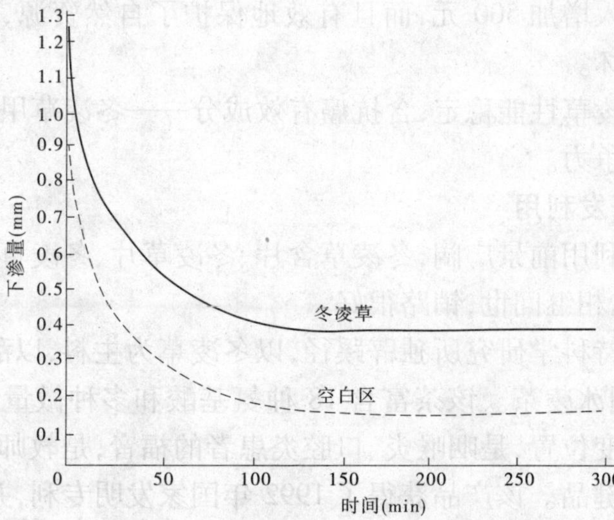

图 1-11　冬凌草区与空白区下渗曲线

从图表中可以看出,从初渗到稳定入渗,冬凌草区下渗速度明显大于空白区。冬凌草区进入稳定入渗时间比空白区提前 50 min。

3　效益分析

利用该项目研究成果,济源市水利局组织实施了多项推广利用项目,都取得了较好的综合效益。

济源市水土保持科学研究所对冬凌草进行了开发利用研究,研制了专利产品"冰凌茶"。济源市水利局在对冬凌草人工栽培试验的基础上,开展了大面积人工栽培。

3.1　冬凌草的开发利用效益

3.1.1　人工栽培技术初见成效

冬凌草的人工栽培技术成熟于 1993 年,在此之前,冬凌草的抗癌抑菌作用已经备受各界关注,济源冬凌草独特的药理药效更受各界青睐。由于过度的采伐,造成了冬凌草野生区严重的水土流失。

1994 年,在黄河上中游管理局的大力支持下,济源市水利局主持进行了邵原河试点流域冬凌草基地的建设。

邵原河流域位于济源市西部,面积 36.2 km^2,发展冬凌草商品基地 2 000 hm^2,年产冬凌草 1 500 t。冬凌草基地建设不仅每年可为济源增收 300 万元,使当地群众人均收入增加500元,而且有效地保护了自然资源,使3 200 hm^2野生冬凌草免遭破坏。

人工栽培的冬凌草性能稳定,含抗癌有效成分——冬凌草甲素颇高,比野生资源更有市场竞争力。

3.1.2 冬凌草的开发利用

冬凌草的开发利用前景广阔,冬凌草含片、冬凌草片、冬凌草酒、冬凌草牙膏、冬凌草冲剂等已相继问世,销路很好。

济源市水土保持科学研究所独辟蹊径,以冬凌草为主料,以甜叶菊等为辅料,精制加工成中国冰凌茶。该茶富含18种氨基酸和多种微量元素,有效药物成分直接接触病变位置,是咽喉炎、口腔炎患者的福音,是教师、播音员等嗓音工作者的首选保健品。该产品获得了1992年国家发明专利,并荣获首届中华百绝博览会金奖。以此产品为依托,济源市成立冰凌茶厂8家,每年利用冬凌草资源近100万t,产值近3 000万元。

3.2 栎树林的开发利用效益

栎树是豫北土石山区最适宜栽培林种之一。在济源,栎树林面积已达636 km^2。栎树是著名的硬阔叶用材树种,用途极广。木材可作建筑材料和矿山坑木。果实含淀粉50.4%~63.5%,可用来酿酒与制酒精,同时又是很好的动物饲料,每50 kg约可替代41 kg玉米。栎树木材和梢头,还可培养段木香菇、木耳和袋料香菇。

据虎岭林区采伐情况调查,平均每公顷栎树林可伐坑木25 m^3,椽材1 000根,薪林100 t,共折款3.204万元。每公顷栎树林可产橡壳7 500 kg,橡籽9 000 kg,平均可收入3 600元。若生产的木材和枝梢用于香菇、木耳基料,收入更加可观。

3.3 水土保持林立地分类技术应用效益

水土保持林体系建设是治理水土流失的根本措施之一,是山区发展生态经济、良性循环的重要环节和主要标志。水土保持林立地分类技术和造林生物种配置技术的提高,极大地提高了水土流失治理速度,提高了造林成活率,有效地节约了治理资金。

利用该技术,豫北地区共实施小流域治理面积89.5 km^2,相当于新中国成立35年治理面积的2倍,使植物措施成活率均达85%以上。水土保持林立地分类技术的应用,使研究与生产应用直接挂钩,变单纯从生态效益着眼到按立地条件优势施行乔、灌、草配置，使生态治理与经济发展相结合，从而使当地农业生产条件得到改善，生态经济结构逐步趋于合理。

据调查，豫北地区森林覆盖率小于20%的自然荒坡，土壤水蚀模数为4 000～6 000 t/(km^2·a)，而森林覆盖度大于40%时，土壤水蚀模数小于2 000 t/(km^2·a)。利用植物种配置技术治理后的荒坡，3年后的森林覆盖度可达40%以上，以此计算，济源市所治理的896 km^2 等于每年减少土壤流失总量200万t以上，按照习惯的每公顷耕作层土壤2 250 t推算，相当于每年有近100 hm^2 耕地的耕作层免于流失。

由于该技术的实施，治理成本大大降低。造林成活率较过去提高近40个百分点，达87%以上，相当于植物措施治理成本降低一半。1998～1999年，济源市实施生态环境综合治理和退耕还林工程，造林总投资1 700万元，较以往节约投资1 000万～1 200万元，同时，也避免了治理保存率低而产生的重复治理现象。

3.4 降雨频率曲线在仙口河坝系的应用效益

仙口河是黄河中游北岸一级支流，直接注入小浪底库区。该河基流0.3 m^3/s，由于缺乏有效拦蓄，基流无法充分利用。济源市一直筹划在仙口河建设塘堰坝群，18座塘堰坝初步设计需投资1 200万元。

1999年，济源市水利勘测设计室利用降雨频率曲线对坝系进行优化设计，在原防洪标准20年一遇不变的情况下，坝系总投资仅930万元，占原设计投资的77.5%，节约资金270万元。使该坝系得以顺利建设，并于2000年6月全部建成，发挥了极好的综合效益。

3.5 指导水土保持治理，节约治理资金，提高治理效率

1995～2000年，在太行山国家综合治理工程和济源市生态环境综合治理工程、天然林保护工程、少年世纪水土保持林工程等生态环境建设工程中，利用豫北虎岭河流域水土流失综合治理模式，指导面上治理1 640 km^2，节约治理成本1 900万元，治理保存率由以往的64%提高到82%，相当于又新增治理面积295.2 km^2。

特别是济源市王屋河连片治理区，利用该技术，建立了“四线三区”的综合治理模式，即四道防线：坡顶鱼鳞坑、水平沟与“乔灌草”相结合；缓坡地条田与经济林相结合；坡脚梯田与沟坝地相结合；沟道谷坊与塘堰坝相结合。三个基地：以刺槐为主的坡顶用材林基地；以苹果、山楂为主的缓坡经济林基地；

坡脚粮烟基地。该连片治理区累计治理面积 22 km^2，治理后农业产值增长114%，达到 3 302 万元；人均纯收入提高到 683 元，增长 99%。蓄水效率达到58.4%，总土壤流失量也由年 17.35 万 t 下降到 2.63 万 t，土壤侵蚀模数下降到 379 t/(km^2·a)。

第二篇　豫北风化砂页岩区水土保持治理技术研究

1　试验区概况

1.1　自然条件

1.1.1　地理位置

豫北风化砂页岩地貌类型主要分布在济源市（占80%）、新安、渑池三市县，整体地理位置位于黄河中游，范围大致在东经112°01′~112°46′、北纬34°53′~35°17′，涉及济源市大峪、下冶、王屋、邵原四个乡（镇）和新安、渑池部分乡（镇）。

1.1.2　地质地貌

本区域分布多为砂页岩互层和细粒石英砂岩。境内地表切割剧烈，岗峦起伏，沟壑纵横。海拔高程在300~800 m，丘顶呈馒头状，多为厚约5 m的坡积黄土或红色粉砂黏土覆盖，坡面多岩石裸露，呈全风化状态或残积土，其间岭谷相间，呈南北向平行排列，大于25°山坡面积占72%。

1.1.3　土壤与植被

本区成土母质多为紫红色泥页岩，其上覆盖着第四系黄土及红色黏土。除王屋乡、邵原镇有部分较厚的黄土类亚砂土外，其余地区土层薄、耕层浅、肥力低。

风化砂页岩区植被因砂页岩节理不同呈不同分布。该区北部，因风化砂页岩为垂直节理，能较好地蓄水保土，生长着成片栎树次生林，郁闭度达0.6，占该区面积的5%。中、南部砂页岩呈水平节理，有郁闭度为0.5的人工刺槐和侧柏林，占总面积的3%。整个试验区主要用材林树种有刺槐、栎类、侧柏、椿树、五角枫、黄楝树等，果树有梨、桃、柿、苹果、花椒、石榴等，灌木类有黄荆、黄刺玫、酸枣、黄栌等，草本有黄背草、茅草、菊类、蒿类等。

1.1.4　水文与气象

本区属暖温带、季风型大陆气候，季风进退与四季替换比较明显。年平均气温 14.3 ℃,历年最高气温 43.4 ℃,最低气温 -20 ℃,历年平均日照时数 2 364 h,无霜期 210 d。年均降水量 684 mm,因受季风影响,降水年内分配很不均匀,6~9 月多年平均降水量占全年降水量的 68%,降水在该地区分布亦不均匀,由北向南呈递减趋势。多年平均水面蒸发量为 1 700 mm。

本区地表径流量与降水量的分布大体一致,年径流深 151 mm,径流量的年分配 6~9 月占全年的 68%,径流量的年际变化较大。年最大径流量与年最小径流量的比值为 6.5 倍。

1.2 社会经济状况

风化砂页岩区总人口 16.7 万人,劳力占总人口的 52%,人均耕地 1.8 亩,人均收入 960 元。产值结构比例为农业 69%,林业 4%,牧业 23%,副业 2%,果业 2%(见图 2-1)。土地利用情况为农地 200.4 km^2,占总面积的 31.1%;林地 26.1 km^2,占总面积的 4.1%;荒地 376.1 km^2,占总面积的 58.3%;未利用地和其他用地 31.9 km^2,占总面积的 4.9%(见图 2-2)。

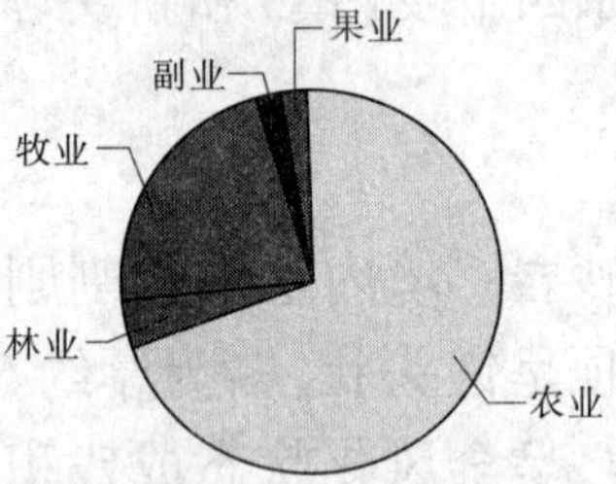

图 2-1 试验区产值结构比例图示

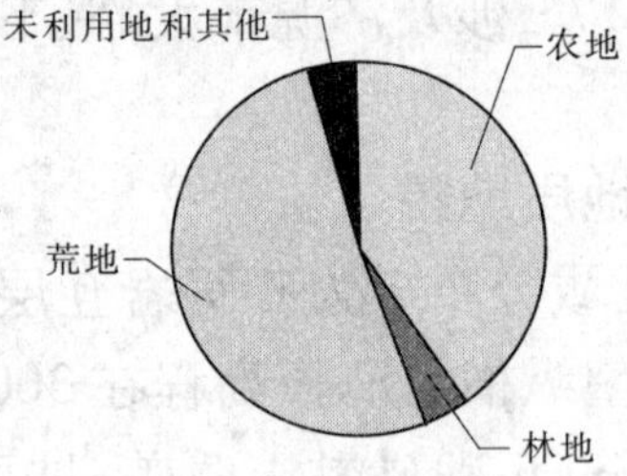

图 2-2 试验区各业用地面积比例图示

可以看出,试验治理前,这里长期处于以粮为主,广种薄收,以农业为主的单一经济结构状况。这种状况与不合理的土地利用方式有关:人均土地 5.5 亩,但除人均耕地 1.8 亩以外,其他 3.7 亩土地的年产值仅占总产值的 29%,大量的土地资源没有充分利用,妨碍了农业生产和当地农村经济的发展。

1.3 水土流失与水土保持情况

风化砂页岩区为河南省水土流失最严重地区,年土壤侵蚀模数一般为 4 000~6 000 t/(km^2·a)。

1.3.1 水土流失成因分析

本区位于黄河中、下游衔接地带,山峦起伏,沟壑密度达 3~5 km/km^2。由于地形破碎,切割严重,山坡较陡,故而为水土流失的发生和发展提供了动力条件。

本区所处位置的季风型大陆性气候所形成的降水季节集中,暴雨强度大,也为水土流失提供了气象条件。

除以上因素外,风化砂页岩区成土母质为砂页岩风化物,颗粒粗大,结构松散,地面植被稀疏,不能有效地拦截降雨,为水土流失提供了物质条件。

另外,不合理的人类活动也占突出位置。如乱砍滥伐、陡坡开荒、过度放牧、采矿和交通建设,人为造成的水土流失现象也十分严重。

1.3.2　侵蚀类型及分布情况

风化砂页岩区为太行山区山前缓冲地带,耕地、林地、荒坡均有水土流失现象,只是所处的地形位置不同而流失的强度不同。坡顶部较平坦,一般在10°以下,覆盖着1～5 m砂质黄土,为农作物耕作区域;坡耕地以水力面蚀为主,在暴雨过后形成网状细沟,程度较为严重。坡面因岩石裸露,受大自然的风冻及雨淋溶解,形成砂页岩风化物,其颗粒粗大且质地松散,侵蚀形式以沟状面蚀为主,在坡面形成了风化→流失→再风化→再流失的侵蚀过程,最终在坡面造成较深的冲沟,使地表高低起伏,凹凸不平,植物难以生存,治理困难。主沟道多呈V形,沟道上半部以重力侵蚀和面蚀为主,沟道下半部则以水力冲刷为主,沟道内有淤积沟坝地,但多为粗粒砂石,水分渗漏快,不利于作物生长。

1.3.3　水土流失强度分析

采取水利部颁布的《开发建设项目水土保持技术规范》中规定的水土流失综合调查方法进行调查,并选择具有代表性区域布设小区观测,进行校核比较,最后确定风化砂页岩区内各类水土流失总面积为518.3 km^2,占试验区总面积的80.39%,见表2-1、图2-3。

表2-1　水土流失强度分级

水土流失分级	轻度	中度	强度	极强度	剧烈	合计
流失面积(km^2)	152.4	184.0	125.4	36.8	19.7	518.3
占总流失面积(%)	29.4	35.5	24.2	7.1	3.8	100
侵蚀模数(t/(km^2·a))	2 000	4 500	6 000	8 000	15 000	
年侵蚀量(万t)	30.5	82.8	75.2	29.5	29.6	247.6

1.3.4　水土流失治理情况

如上所述,风化砂页岩这一特殊地貌地区,沟壑纵横、地形破碎、暴雨集中、土壤瘠薄等不利的自然条件构成了水土流失潜在因素,但决定因素还在于

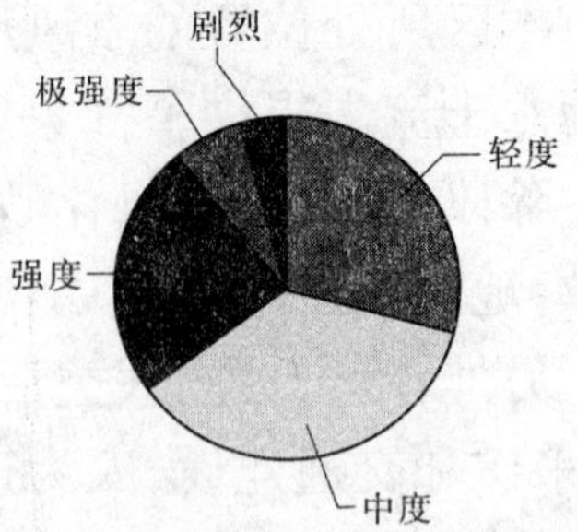

图 2-3　试验区水土流失强度面积比例图示

植被不良,大部分地区试验治理前植被覆盖率不足10%,加上人为破坏,致使水土流失逐年加剧,生态环境恶化,人民生活日益贫困,陷入"越穷越垦,越垦越穷"的恶性循环局面,对小浪底水库的生态安全构成了愈来愈大的威胁。

1990年以前,当地政府和群众在上级政府及水利、林业等部门的支持下,进行了封育、造林、闸沟、筑坝等治理工作;因治理难度大、科研水平低、财力和物力等所限,治理标准不高,治理保存面积仅为63.2 km^2。

1990年以后,随着小浪底水库工程上马,这一地区的生态环境建设工作引起省及国家有关部门的高度重视,投入也大幅度增加。几年来,相继开展了国家生态县试点工程、保护母亲河、沿黄少年世纪林工程等项目;水土保持科技和推广工作被放在了突出和重要的位置,如何从试验研究水土流失基本规律入手,在这一地区自上而下建立水土保持综合防护体系,从根本上消除对国家重点工程的生态危害,改变该地区贫穷落后面貌,成为河南省水土保持科研工作者必须攻克和义不容辞的任务与责任。

2　试验区岩性特征与土壤理化性状研究

研究探讨砂页岩岩性、土壤理化性状特征及其与水土流失的关系,为水土保持综合治理措施提供科学依据,是研究风化砂页岩区水土保持治理技术的基础和始点。

2.1　风化砂页岩的物理性质研究

据调查研究,小浪底库区上游有645 km^2 砂岩和页岩,呈互层状分布,风化严重,我们把这一区域特称为风化砂页岩区。

研究区内砂岩粒径一般1~0.5 mm,由钙泥质胶结而成,中粒结构,长石含量在25%以上,石英含量在30%~60%,一般呈浅黄或淡红色,表面粗糙,颗粒磨圆度和分选性中等。抗压强度在800~1 500 kg/cm^2。砂岩的容重为2.42~2.70 g/cm^3,比重为2.64~2.77,孔隙率为1.0%~9.3%。

页岩由黏土颗粒经脱水—压密—胶结—硬化而成,以黏土矿物为主,有明显薄层理,呈页片状,库区上游分布有黏土质页岩、砂质页岩、钙质页岩及碳质页岩,多呈黄色、红色和灰黑色,易风化成碎片,性质软弱,抗压强度一般为

200 ~ 700 kg/cm^2。页岩的容重为 2.47 ~ 2.60 g/cm^3,比重为 2.63 ~ 2.75,孔隙率为 2.0% ~7.0%。

研究区域内砂页岩风化严重,其原因除自身抗风化能力低外,还长期受到下列风化作用:①物理风化作用。如温差的变化对岩石的剥离、崩裂;岩石裂隙中的水在结冰时的体积膨胀使岩石裂隙不断扩大发展,以致破裂崩解等。②化学风化作用。如降雨后岩石在水的作用下,产生溶解、水解、水化及氧化等化学反应,部分成分随水流运移,剩余物质呈松散状态残留原地。③生物风化作用。生物风化作用的方式可分为生物物理风化作用和生物化学风化作用;生物物理风化作用主要表现在植物根系的生长发育对周围岩石产生的压力,使岩石裂隙扩大,产生机械破坏的作用;人类活动,尤其是农田水利、筑路、采矿等建设,加速了活动区域的岩石风化的进程。生物化学风化作用主要表现在植物的新陈代谢作用如汲取养分、析出酸类对岩石进行侵蚀、微生物制造各种酸类对岩石的侵蚀破坏等。

砂页岩经过风化作用后,其构成和形态发生了根本变化,岩块变小,易溶物及细小颗粒随地表水流走,大部分机械碎屑或化学风化物残留原地,形成残积物。根据小浪底库区上游砂页岩风化后的颜色、结构构造、破碎程度,本研究按风化程度把砂页岩区划分为全风化区、强风化区和弱风化区三个区域,各区域风化特点及分布情况如下:

(1)全风化区。分布于坡中部及坡脚,砂页岩结构全部破坏为土状或散粒状,颜色暗,上有杂草和零星灌木生长。适宜种植草类,厚层残积物上可植树。

(2)强风化区。分布于坡中部或突出陡坡上部,裂隙发育,浅部岩石结构基本破坏,岩体表面散布大小不一的岩片及碎屑,基本呈裸露状,颜色亮,无杂草生长,为难治理区域。

(3)弱风化区。主要分布在砂岩区,岩石被分割成块状,结构基本未变,垂直节理,适宜深根性乔木生长。

2.2　土壤分布及其理化性状研究

研究区域受大陆性季风气候影响强烈,以生物、气候条件作为主要支配因素的自然成土过程,主要是碳酸盐的淋溶淀积过程、黏化过程和有机质积累过程,根据《河南土壤》与《济源土壤》等报告材料,本研究(砂页岩剥蚀侵蚀区)所涉及的多为自然土壤,属褐土类土壤;其代表性土属为砂石土、黄土质褐性土、灰石土、碳酸盐褐土等,见图 2-4。

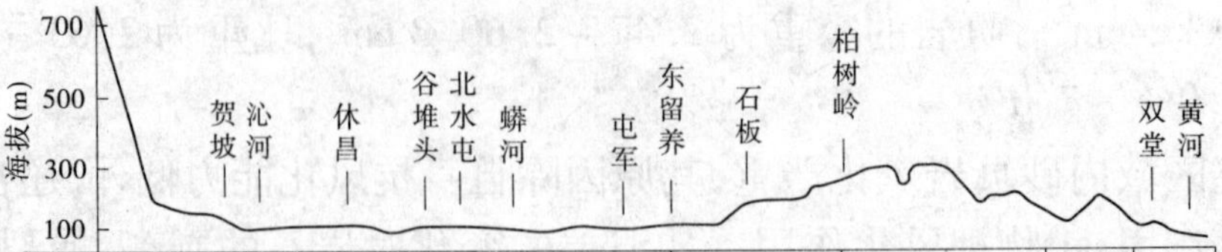

土属	灰石土	砾质土	耕种褐土性土、潮黄土、潮垆土	黄土质普通褐土	灰石土	黄土质褐土性土	滩地沙土
地貌	侵蚀低山	山前洪积扇	冲积平原	丘陵沟壑	侵蚀剥蚀丘陵	侵蚀丘陵	河滩
成土母质	残积坡积	洪积	冲积物	黄土	残积坡积物	灰石土灰石土	淤积

断面 B—B 比例尺横 1:25 万、纵 1:2万

图 2-4　风化砂岩区自然土壤分布断面图

研究涉及的主要土壤理化性质如下：

(1)砂石土。成土母质为砂页岩类风化物，砾石含量较高，通体无石灰石反应，分布在北部、西部、西南部的浅山丘陵，该类土壤大多为荒山荒坡，水土流失严重。砂石土理化性质见表 2-2。

表 2-2　砂石土理化性质

深度(cm)	有机质(g/kg)	全氮(g/kg)	全磷(g/kg)	速效钾(mg/kg)	pH 值	质地
0~20	28.64	3.06	1.59	288.3	7.95	重壤
20~50	22.79	1.40	1.69	201.4	8.10	沙壤

(2)黄土质褐土性土。成土母质为黄土或黄土状物质，分布于西部、西南部浅山丘陵区的浑圆丘顶及部分为林业用地的坡面，土层一般较厚，基岩为砂页岩；但植被较差的坡面，由于侵蚀强烈，黄土覆盖层有的还不足 30 cm。黄土质褐土性土理化性质见表 2-3。

表 2-3　黄土质褐土性土理化性质

深度(cm)	有机质(g/kg)	全氮(g/kg)	全磷(g/kg)	速效钾(mg/kg)	pH 值	质地
0~30	7.65	0.73	1.28	123.7	8.30	重壤
30~58	6.50	0.50	1.90	162.0		
58~100	1.38	0.40	1.79	113.9		

(3)灰石土。成土母质为石灰岩或灰质页岩风化物的残积物，土层较薄，砾石含量较高，通体石灰反应强烈。灰石土理化性质见表 2-4。

表 2-4　灰石土理化性质

深度(cm)	有机质(g/kg)	全氮(g/kg)	全磷(g/kg)	速效钾(mg/kg)	pH 值	质地
0 ~ 7	23.69	1.30	1.77	147.4	7.9	中壤
7 ~ 29	25.07	0.73	1.73	92.3	8.2	中壤

(4)碳酸盐褐土。呈片状零星分布于济源市下冶、大峪等沿黄丘陵地带，是发育碳酸盐母质上的土壤，强石灰反应，颜色黄灰或灰白色，表土层深厚，但保水保肥能力差。碳酸盐褐土理化性质见表 2-5。

表 2-5　碳酸盐褐土理化性质

深度(cm)	有机质(g/kg)	全氮(g/kg)	全磷(g/kg)	速效钾(mg/kg)	pH 值	质地
0 ~ 20	9.11	0.54	1.61	145.1	8.35	沙壤
20 ~ 55	6.72	0.40	1.69	99.9	8.50	沙壤
55 ~ 100	5.29	0.34	1.49	105.9	8.45	沙壤

综述以上调查和化验分析，得到以下研究结论：

(1)研究区域内土壤养分含量受成土母质影响比较明显。在砂页岩、石灰岩风化物基础上直接形成的砂石土、灰石土养分含量较为丰富，而在黄土母质上形成的黄土质褐土性土以及碳酸盐褐土养分含量相对较低。

(2)从宜林性质来看，黄土质褐性土因土层较厚，宜林性质较好；而灰石土、砾质土的砾质含量较高，碳酸盐褐性土保水保肥性能差，故宜林性质较差。

(3)整个砂页岩区所涉及的土壤均偏碱性，pH 值在 7.9 ~ 8.5。

因此，在布设水土保持农业、林业措施时，应分区分类充分考虑以上研究结果，做到因地制宜。

2.3　砂页岩侵蚀区土壤水分动态规律研究

砂页岩地区自然条件尽管较复杂，但就影响林木成活、生长的主要立地因子而言，不外乎光、热、水、气、养分，尤以水、热条件为主，而光、热、水、气直接反映一个地区的生物气候条件。在一定生物气候区域内，水、热、光由于受地形地貌影响而重新发生分配。根据多年的水土保持实践，特别是对典型小流域治理的生物措施进行观测研究后可以得出，在该区干旱成为影响林木成活的主要因子。因此，研究这一区域的土壤水分状况及其动态规律，是因地制宜、适地适树、科学配置水土保持生物措施的基础工作之一。

2.3.1　年土壤水分动态变化规律

为了分析砂页岩地区年土壤水分变化规律,1996 年研究组在虎岭河流域的无林自然荒地,多点进行土壤水分定位观测,每个测点分 0 ~ 20 cm、20 ~ 30 cm、30 ~ 40 cm 三个层次进行测定。虎岭河流域地处砂页岩剥蚀侵蚀区,土壤为砂石土土属,其无林自然荒地年土壤水分变化曲线见图 2-5。

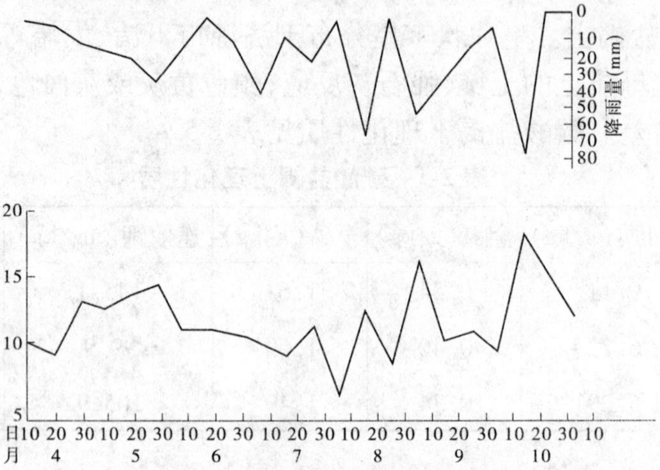

图 2-5　砂页岩区无林自然荒地年土壤水分变化曲线

(0 ~ 40 cm 平均)

从曲线中可以看出,土壤水分与前期降雨有密切相关性,同时不同季节又呈现明显变化规律,春季和夏季(4 ~ 6 月)降雨较少,土壤含水率变幅较小,表现普遍干旱的特点;而 7 ~ 9 月,气温较高,降雨较多,土壤含水率变幅较大,据此年土壤水分变化规律可以概括为"春季干旱普遍,伏旱时隐时现"。这一点可以从年降雨分布规律得到间接说明:春季降雨只占全年的 7% ~ 8%,而 7 ~ 9月约占全年的 47%(年最高气温均出现在 7 ~ 8 月),与上述规律基本吻合。

2.3.2　春季土壤水分随地形、地貌的变化规律

从以上年降雨、土壤水分的变化规律可以看出,本区春季普遍干旱,而此时恰是造林季节,也正是多种树种萌动、开花进入旺盛生长的阶段,对土壤水分需求量大,因而这个时期土壤水分的多寡及其动态,直接反映立地条件的宜林性质。本研究选取不同地形、不同地貌条件测定此期间的土壤水分的动态意义就在于此。

土壤水分的测定规格为:在每个地形部位定点,3 ~ 5 月每月分上、中、下旬各测定一次,取样深度 0 ~ 30 cm,每次重复取样 3 个。砂页岩区不同地形部位土壤水分测定结果整理见表 2-6。

表 2-6　砂页岩区不同部位土壤水分测定结果

山脊部位		阳坡		阴坡		沟底	
14.1	11.1	13.4	14.57	19.67	19.17	19.2	17.5
13.4	6.9	12.4	9.57	18.23	16.43	16.0	15.1
6.3	16.9	7.53	15.37	16.53	18.77	16.8	19.0
12.2		13.0		16.93		16.9	

从计算结果看，砂页岩区不同地形部位的土壤含水率差异极其显著（见表 2-7）。

表 2-7　砂页岩区土壤水分方差检验

变差来源	自由度	离差平方和	均方差	均方比	F
组间	3	235.237 1	78.41		
组内	24	149.869 8	6.24	$F^{**}=12.566$	$F_{0.01}=4.72$
总和	27	385.106 9			

下面用 Q 值检验法作多重比较：

$$D = Q_{0.01}(4,24)\sqrt{\frac{S^2W}{7}} = 4.65$$

由表 2-8 看出，阴坡、沟底分别与阳坡、山脊之间有显著差异，而阴坡与沟底之间、阳坡与山脊之间水平差异不显著，这说明阴坡与沟底土壤含水量相对较高，且土壤水分状况基本一致；阳坡与山脊土壤含水量相对较低，且土壤水分状况基本一致。

表 2-8　砂页岩不同部位土壤水分含量差异性检验

地形部位	含水率			
	X_i	$X_i-\overline{X_1}$	$X_i-\overline{X_2}$	$X_i-\overline{X_3}$
阴坡（$\overline{X_4}$）	17.96	6.53**	5.70**	0.75
沟底（$\overline{X_3}$）	17.21	5.78**	4.95**	
阳坡（$\overline{X_2}$）	12.26	0.83		
山脊（$\overline{X_1}$）	11.43			

2.4 土壤改良利用试验研究

从以上研究可以看出,风化砂页岩试验区土壤粗放,土层浅薄,土壤结构性差,除有少部分耕种土壤肥力稍高外,大部分岭脊、坡面的砂页岩风化产物所形成的成土母质和粗骨土,不具有植物生长需要的良好的水、肥、气、热条件。为了积累一系列生物所必需的养料元素,特别是有机质的累积、分解和腐殖质的形成;发生、发展土壤肥力,使岩石风化产物脱离母质阶段,达到蓄水保土之目的,自试验研究开始,研究组在试验区内选用不同树种,采用不同的整地方式进行造林试验,结果表明,由砂页岩形成的粗骨土经过森林、水利对土壤的改良,有机质和氮、磷、钾含量大幅度增加。

对砂页岩区栎树林地和自然荒山0~30 cm取样化验表明,有机质增加4倍多,全氮增加近7倍;植物能直接吸收的水解氮增加近9倍,速效磷增加8倍多,速效钾增加113%;植物措施可以使土壤疏松、容重减小、养分和有机质含量增高、酸碱度降低,达到改善土壤质量(理化性质)、蓄水保土的目的。详见表2-9。

表2-9 栎树林地、非林地土壤理化性质

采样点	容重(g/cm^3)	有机质(g/kg)	全氮(g/kg)	水解氮(mg/kg)	速效磷(mg/kg)	速效钾(mg/kg)	pH值
栎树林坡	1.39	49	3.44	227	5.5	284	7.2
自然荒坡	1.58	8.4	0.41	22.5	0.6	133	7.5

为了研究坡改梯的保土保肥效果,研究组对坡耕地、旱梯田进行了多点取样化验对比(见表2-10)。结果表明,坡改梯后,土壤肥力明显提高,有机质、

表2-10 梯田、坡耕地土壤理化性质

采样点		容重(g/cm^3)	有机质(g/kg)	全氮(g/kg)	水解氮(mg/kg)	速效磷(mg/kg)	速效钾(mg/kg)	pH值
梯田		1.63	8.16	0.907	34.2	4.8	186	7.3
坡耕地	5°~15°	1.75	4.73	0.535	23.2	3.7	133	7.5
	15°~25°	1.82	3.19	0.431	8.05	2.2	67	7.6
	>25°	1.93	2.71	0.266	2.78	1.3	38	7.8

全氮分别增加72.5%和69.5%；植物所能直接吸收的水解氮、速效钾分别增加47.4%和29.7%。

综上所述，得出以下研究结论：因地制宜地采用水土保持造林整地形式，选择生长力强的速生树种，实施坡改梯、闸沟淤地等技术措施，不仅可以改良土壤，改变土壤的理化性状，加速土壤的形成和熟化过程，而且可以增加土壤肥力，改善土壤结构，增强土壤抗蚀能力，为发展各业生产提供良好的基础条件。

3　试验区土壤侵蚀特征研究

为了探索风化砂页岩区在不同降雨及下垫面因素条件下水土流失形成和发展的基本特征，进一步研究风化砂页岩区水土流失综合防治措施，1992～1998年间济源市水土保持科学研究所在试验治理区赵沟与非治理区小北沟两个荒溪建立观测断面，并修建4个人工试验小区进行径流泥沙横向对比观测，试验总结风化砂页岩区土壤侵蚀的一些基本特征。赵沟流域面积0.78 km^2，为封山育林区；小北沟流域面积0.13 km^2，为自然荒沟。两流域相距1 km，地形地质比较一致，试验观测结果如下。

3.1　降雨对侵蚀的影响

3.1.1　汛期降雨量对水土流失量的影响

如表2-11所示，1992～1998年小北沟7年平均汛期降雨量609.6 mm，年平均径流模数149 547 m^3/km^2，年均冲刷模数为2 416 t/km^2。从表中看出，汛期降雨量的大小是决定水土流失量的重要因素之一，但不是主要因素。水土流失量的大小还与年内发生的暴雨和特大暴雨的状况有关。如1993年汛期降雨量为629.8 mm，径流模数为151 200 m^3/km^2，冲刷模数为3 520 t/km^2。而1994年，汛期降雨量为643.5 mm，径流模数为49 430 m^3/km^2，冲刷模数为1 600 t/km^2，其主要原因是1993年暴雨较多。再如1992年汛期降水量为7年平均降雨量的1.3倍（降雨量大、暴雨多），径流量占7年总径流量的40.8%，为7年平均径流量的2.9倍，冲刷量占7年总冲刷量的56.4%，为7年平均冲刷量的3.9倍。研究表明：造成本区水土流失的降雨，主要是历时为1～6 h、雨量为20 mm以上、强度为20～50 mm/h的急雨和暴雨（见表2-12）。因此，必须针对本区降雨特点布置水土保持工程措施，科学确定工程设计标准。

表 2-11 汛期降雨量与土壤侵蚀量观测成果(小北沟)

年份	汛期降雨量(mm)	径流量		土壤冲刷量	
		m^3/km^2	比例(%)	t/km^2	比例(%)
1992	813.3	427 200	40.8	9 540	56.4
1993	629.8	151 200	14.4	3 520	20.8
1994	643.5	49 430	4.7	1 600	9.5
1995	520.3	68 220	6.5	258	1.6
1996	304.2	16 700	1.7	43.6	0
1997	652.9	98 146	9.4	892	5.3
1998	703.1	235 930	22.5	1 060	6.4
合计	4 267.1	1 046 826	100	16 913.6	100
平均	609.6	149 547		2 416.2	

3.1.2 不同雨型和水土流失量的关系

(1)在相同降雨强度下,降雨量与水土流失量呈正相关。相同雨强、不同雨量对水土流失量的影响如表 2-13 所示。

3 次降雨强度相近,降雨量之比为 100:145:264,三者径流量为 100:304:600,而冲刷量依次相比为 100:827:1 141。以上数字充分说明了风化砂页岩区的水土流失量随降雨量变化而变化。

(2)在相同降雨量的情况下,降雨强度与水土流失量呈正相关。

如 1995 年 10 月 11 日降雨量为 55 mm,历时 13 h,平均雨强 4.2 mm/h,径流量 23 950 m^3/km^2,冲刷量 60.7 t/km^2;1992 年 8 月 10 日降雨量 56.9 mm,历时 1.75 h,平均雨强 12.5 mm/h,径流量 44 920 m^3/km^2,冲刷量 2 780 t/km^2。两次降雨相比,雨量大致相同,但后者雨强是前者雨强的7.7 倍,径流量是前者的 1.8 倍,冲刷量是前者的 45.8 倍。

表 2-12　小北沟 1992 ~ 1998 年历年次洪水成果(流域面积 0.13 km^2)

年份	洪水编号	施测日期		雨情			洪水总量 (m^3)		流量 (m^3/s)		含沙量 (kg/m^3)		洪水输沙总量 (t)	单位面积径流量 (m^3/km^2)		径流系数		洪峰径流模数 ($m^3/(km^2 \cdot s)$)	输沙模数 (t/km^2)	基流总量 (m^3)
		月	日	雨量 (mm)	历时 (h:min)	平均强度 (mm/h)	浑水	清水	最大	平均	最大	平均		浑水	清水	浑水	清水			
1992	1	6	9	11.6	0:25	27.8	1 308	1 268	1.41	0.389	94.5	80.3	105	10 060	9 754	0.867	0.841	10.8	808	0
	2		11	17.5	1:05	16.2	482	474	0.472	0.161	58.6	42.7	20.6	3 708	3 646	0.229	0.225	3.63	158	0
	3		20	16.5	2:45	6	91	90	0.108	0.036	34	21.4	1.95	700	692	0.045	0.044	0.831	15	0
	4	7	3	21.5	0:42	30.7	681	663	0.591	0.258	102	68.6	46.7	5 238	5 100	0.244	0.237	4.55	359	0
	5		9	23	0:30	46	507	497	0.511	0.201	61.1	51.1	25.9	3 900	3 823	0.17	0.166	3.93	199	0
	6		30	43.9	5:25	8.1	1 162	1 146	0.676	0.116 4	47	37.5	43.6	8 938	8 815	0.204	0.201	5.2	325	0
	7		30	61.1	8:40	7	4 869	4 807	1.44	0.33	56.1	33.5	163	37 450	36 980	0.613	0.605	11.1	1 250	0
	8		30	28	3:00	9.3	3 246	3 204	2.32	0.63	35.8	25.3	112	24 970	24 650	0.892	0.88	17.8	862	1 179
	9		31	253.8	22:12	11.4	30 980	30 660	2.5	0.64	13.8	8.22	318	238 300	235 800	0.939	0.929	19.2	2 450	7 715
	10	8	1	54.8	14:50	3.7	5 022	5 018	0.591	0.189	5.69	1.24	10.1	38 630	38 180	0.705	0.704	4.55	77.7	3 105
	11		4	8.5	0:30	17	389	388	0.207	0.1	5.2	3.4	1.45	2 992	2 985	0.352	0.351	1.59	11.2	38
	12		7	19	1:10	16.3	957	948	1.16	0.24	32.9	24.9	25.1	7 362	7 292	0.387	0.384	8.92	193	50
	13		10	56.9	1:45	32.5	5 840	5 703	4.92	0.969	91	61	362	44 920	43 870	0.79	0.771	37.8	2 780	92
1993	1	7	1	65.9	7:55	8.3	2 718	2 710	0.298	0.102	42.5	7.69	20.9	20 910	20 850	0.317	0.316	2.29	161	0
	2		28	34.4	1:20	25.8	1 961	1 929	1.5	0.454	55.9	43.5	85.4	15 090	14 840	0.439	0.431	11.5	657	0
	3		30	17	2:00	7.8	638	632	0.59	0.222	32.8	23.2	14.8	4 908	4 862	0.289	0.286	4.54	114	0
	4	8	9	21.4	0:45	28.5	207	206	0.298	0.092	26.4	18.6	3.86	1 592	1 585	0.074	0.074	2.29	29.7	0
	5		10	11.4	1:05	10.5	545	540	0.511	0.138	32.3	22.8	12.4	4 192	4 154	0.368	0.364	3.93	95.4	0
	6		11	19.8	1:45	11.3	964	958	0.672	0.161	24	16	15.4	7 415	7 369	0.375	0.372	5.17	118	0
	7		24	14.8	0:30	29.6	224	222	0.298	0.103	39.7	25.1	5.63	1 723	1 708	0.116	0.115	2.29	43.3	0
	8		31	15.8	0:45	21.1	175	173	0.155	0.046	31.3	22.9	4.01	1 346	1 331	0.085	0.084	1.19	30.8	0
	9	9	4	28.4	2:05	13.7	903	897	0.472	0.139	23.9	16.2	14.6	6 946	6 900	0.245	0.243	3.63	112	0
	10		7	6.7	0:35	11.5	97	96	0.088	0.038	25	18.6	18.0	746	738	0.111	0.11	0.677	13.8	0
	11		7	70.7	9:35	7.4	4 518	4 493	0.672	0.128	50.7	14.8	66.8	34 750	34 560	0.492	0.489	5.17	514	0
	12		7	92.8	7:48	11.9	6 270	6 190	2.35	0.558	45.4	31.8	213	48 230	47 620	0.520	0.513	18.1	1 640	432

续表 2-12

年份	洪水编号	施测日期		雨情			洪水总量（m^3）		流量（m^3/s）		含沙量（kg/m^3）		洪水输沙总量（t）	单位面积径流量（m^3/km^2）		径流系数		洪峰径流模数	输沙模数	基流总量
		月	日	雨量（mm）	历时（h:min）	平均强度（mm/h）	浑水	清水	最大	平均	最大	平均		浑水	清水	浑水	清水	（$m^3/(km^2·s)$）	（t/km^2）	（m^3）
1994	1	5	24	20.5	4:30	4.6	307	303	0.47	0.135	48.3	35.2	10.8	2 362	2 331	0.115	0.114	3.62	83.1	0
	2	6	5	27.8	3:00	9.3	424	420	0.55	0.208	41.4	25.9	11	3 262	3 231	0.117	0.116	4.23	84.6	0
	3		22	34	13:30	2.5	139	139	0.068	0.027	10.9	6.35	0.88	1 069	1 069	0.031	0.031	0.523	6.79	0
	4	7	1	27.5	1:10	23.6	1 715	1 676	2.4	0.447	67.9	60.6	104	13 190	12 890	0.48	0.469	18.5	800	0
	5		17	21.9	3:00	7.3	279	277	0.043	0.03	22.2	17.1	4.76	2 146	2 131	0.098	0.097	0.331	36.6	0
	6		17	29.2	2:40	10.9	504	502	0.208	0.064	65	12.9	6.52	3 877	3 862	0.133	0.132	1.6	50.2	0
	7		24	45.9	9:15	5	1 042	1 041	0.131	0.038	9.99	2.4	2.55	8 015	8 008	0.175	0.174	1.01	19.6	0
	8		25	21.3	3:45	5.7	526	526	0.102	0.048	4.35	2.43	1.28	4 046	4 046	0.19	0.19	0.785	9.85	0
	9	8	3	13	0:50	15.6	146	145	0.155	0.047	17.9	14.8	2.16	1 123	1 115	0.086	0.086	1.19	16.6	0
	10		11	39	1:20	29.3	1 344	1 320	1.32	0.32	71.1	47.8	64.3	10 340	10 150	0.265	0.26	10.2	495	0
1995	1	6	3	12.5	0:30	25	92	92	0.059	0.028	5.1	3.61	0.332	708	708	0.057	0.057	0.454	2.55	0
	2	7	23	46.3	2:35	46.3	633	628	0.297	0.088	31.4	22.9	14.5	4 869	4 831	0.105	0.104	2.28	112	0
	3		25	13.1	1:40	7.9	110	110	0.088	0.024	7.85	5.79	0.637	846	846	0.065	0.065	0.677	4.9	0
	4	8	12	13	0:25	31.3	123	123	0.108	0.032	15.2	8.94	1.1	946	946	0.073	0.073	0.831	8.46	0
	5		26	9.8	1:40	5.9	179	179	0.048	0.024	1.62	1.16	0.207	1 377	1 377	0.131	0.131	0.369	1.59	0
	6	9	14	95	62:20	1.5	4 039	4 038	0.068	0.042	1.75	0.258	2.6	31 070	31 070	0.327	0.327	0.523	20	6 030
	7		21	15.8	2:50	5.6	389	387	0.266	0.037	32.6	15.6	6.08	2 992	2 977	0.189	0.188	2.05	46.8	0
	8	10	11	55	13:00	4.2	3 113	3 110	0.143	0.043	8.93	2.53	7.89	23 950	23 920	0.435	0.435	1.1	60.7	0
	9		13	20.9	12:15	1.7	190	190	0.019	0.012	1.34	0.774	0.147	1 462	1 462	0.07	0.07	0.146	1.13	0

续表 2-12

年份	洪水编号	施测日期		雨情			洪水总量 (m^3)		流量 (m^3/s)		含沙量 (kg/m^3)		洪水输沙总量 (t)	单位面积径流量 (m^3/km^2)		径流系数		洪峰径流模数 ($m^3/(km^2 \cdot s)$)	输沙模数 (t/km^2)	基流总量 (m^3)
		月	日	雨量 (mm)	历时 (h:min)	平均强度 (mm/h)	浑水	清水	最大	平均	最大	平均		浑水	清水	浑水	清水			
1996	1	8	18	15.8	1:10	13.5	205	203	0.208	0.044	40	26.1	5.36	1 577	1 562	0.1	0.099	1.6	41.2	0
	2	9	8	31.5	7:15	4.3	103	103	0.051	0.023	7.08	2.22	0.229	792	792	0.025	0.025	0.392	1.76	0
	3	10	19	21.3	22:10	1	310	310	0.024	0.011	0.69	0.245	0.076	2 385	2 385	0.112	0.112	0.185	0.585	0
1997	1	5	25	36.4	16:50	2.2	79	79	0.013	0.000 8	1.11	0.413	0.033	608	608	0.017	0.017	0.1	0.254	0
	2		31	40.7	7:20	5.6	800	783	0.811	0.028	118	54.8	44.5	6 154	6 023	0.151	0.148	9.24	342	12
	3	6	5	38.4	11:00	3.5	407	407	0.048	0.006 2	3.5	1.16	0.524	3 131	3 131	0.082	0.082	0.369	4.03	44
	4	7	9	38.5	5:15	7.3	232	232	0.105	0.011	10.4	3.58	0.907	1 785	1 785	0.046	0.046	0.808	6.98	21
	5	8	10	27.2	0:48	34	355	351	0.363	0.002 2	68.2	31.8	11.3	2 731	2 700	0.1	0.099	2.78	86.9	0
	6		13	68	13:30	5	1 428	1 422	0.435	0.014	52.5	10.3	15.1	10 980	10 940	0.162	0.161	3.35	116	42
	7		17	38.3	1:30	25.5	1 094	1 079	1.21	0.102	63.6	36.6	40.4	8 415	8 300	0.22	0.217	9.31	311	10
	8	9	2	68.8	20:00	3.4	1 046	1 045	0.143	0.02	13.3	3.24	3.49	8 046	8 038	0.117	0.177	1.1	26.8	32
	9	10	12	63.2	21:45	2.9	234	234	0.013	0.003 4	2.2	1.09	2.255	1 800	1 800	0.028	0.028	0.1	1.96	0

表 2-13　不同雨量与土壤冲刷量观测成果

日期	降雨量（mm）	降雨强度（mm/h）	径流量		土壤冲刷量	
			m^3/km^2	比例（%）	t/km^2	比例（%）
1983-08-21	14.8	29.6	1 723	100	43.4	100
1992-07-03	21.5	30.7	5 234	304	359	827
1994-08-11	39.0	29.3	10 340	600	495	1 141

3.2　不同坡度、坡长对水土流失量的影响

3.2.1　土壤侵蚀与坡度关系

不同坡度小区 1991～1993 年径流量和土壤冲刷量观测结果如表 2-14 所示，其 5°、10°、15°小区径流量之比分别为 1∶1.59∶2.07，土壤冲刷量之比为 1∶3.34∶10.65；研究结果表明，径流量、土壤冲刷量随坡度的增加而增大，其中土壤冲刷量受坡度变化影响极为灵敏。

表 2-14　不同坡度与土壤冲刷量观测成果

坡度（°）	径流量		土壤冲刷量	
	m^3/km^2	比例（%）	t/km^2	比例（%）
5	80 560	100	1 280	100
10	128 700	159	4 280	334
15	167 340	207	13 630	1 065

3.2.2　土壤侵蚀与坡长关系

为了观测坡长与土壤侵蚀的关系，研究人员在一宽度为 10 m、长度为 50 m 的荒坡对侵蚀沟的变化情况进行观测。

1990 年，汛期降雨 725.0 mm，试验区域沟蚀情况见表 2-15。

表 2-15　坡长与土壤侵蚀量观测成果

坡长(m)	平均沟深(cm)	平均沟宽(cm)	沟总长(m)	土壤侵蚀量(m^3)	合计(m^3)
0～10	0	0	0	0	0
10～20	5	3	4	0.006	0.286
	10	5	8	0.040	
	20	10	12	0.24	
20～30	5	3	25	0.038	1.023
	10	5	20	0.10	
	20	10	15	0.30	
	30	15	13	0.585	
30～40	5	3	27	0.041	1.811
	10	5	26	0.130	
	20	10	20	0.400	
	30	15	18	0.810	
	40	20	6	0.430	
40～50	5	3	28	0.042	2.682
	10	5	29	0.145	
	20	10	29	0.580	
	30	15	23	1.035	
	40	20	11	0.880	

试验结果表明,试验区边坡上部 10 m 内没有明显的侵蚀沟形成,10～20 m 有少量侵蚀沟形成,30～50 m 形成宽约 20 cm、深约 40 cm 的侵蚀沟,侵蚀明显增加。说明这一特殊区域 30～50 m 长的坡面是各种侵蚀形态最发育地带,也是侵蚀最严重地带,在这一区域布置单一水土保持措施难以奏效,必须配置水土保持综合措施形式。

3.3　土壤对水土流失量的影响

3.3.1　土壤入渗情况

在小北沟试验区土质荒坡进行入渗试验,得土壤入渗曲线,见图2-6。

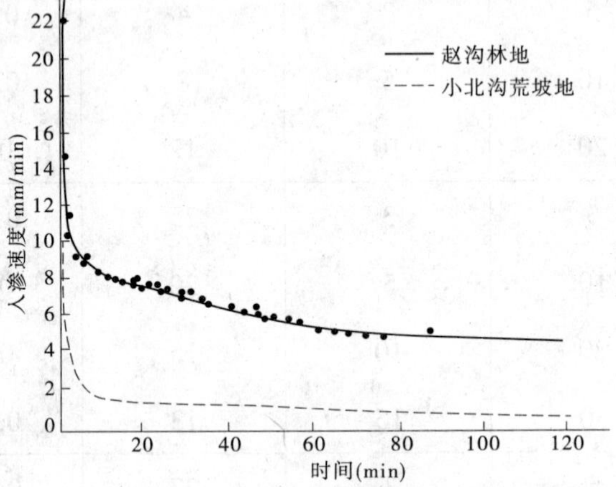

图2-6　土壤入渗曲线

从图2-6中看出,小北沟自然荒坡土壤初渗时间0.2 h,初损值16 mm,稳定入渗值2 mm/h。这充分说明,风化砂页岩区土质荒坡入渗率较低,降雨后极易形成地表径流,造成严重的水土流失。

3.3.2　土壤最大持水量

使土壤自然含水量达到饱和含水量所需要的水量即为最大持水量,根据多次测试,自然荒坡土壤饱和含水量 $W_c = 12.4\%$,自然荒坡上土层薄,一般土厚35 cm,土壤干容重1.58 t/m³,含水量一般在8%左右。据此推算,降雨使土壤达到饱和所需水量15~20 mm。研究结果说明风化砂页岩区对降水容纳少、易流失。

3.4　降雨与产流产沙关系经验推求

在一次降雨产流过程中,径流量的大小取决于雨量、雨强以及土壤前期含水量等,影响因素多,关系复杂。本研究以1992~1998年间虎岭河流域出口断面取得的几十次降雨与相应的洪水资料为基础,经过分析研究,建立关系式:

$$Q = 8.02H^{1.92} \qquad r = 0.85$$

式中　Q——单位面积径流量,m^3/km^2;

H——次降雨量,mm;

r——相关系数。

降雨与径流关系见图2-7。

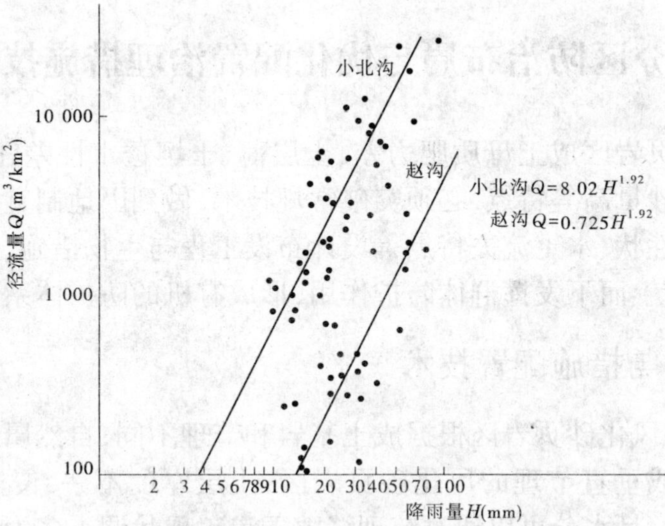

图 2-7 降雨量与径流量关系

影响土壤侵蚀因素复杂,地质、地貌、土壤、植被、雨量、雨强等对土壤侵蚀量都有直接影响。根据 1992 ~ 1998 年虎岭河流域几十次洪水的观测成果,仅选用单位径流量与土壤侵蚀模数建立关系如下:

$$S = \frac{Q^{1.45}}{1\ 500} \qquad r = 0.88$$

式中 S——土壤侵蚀模数。

径流量与土壤侵蚀模数关系见图 2-8。

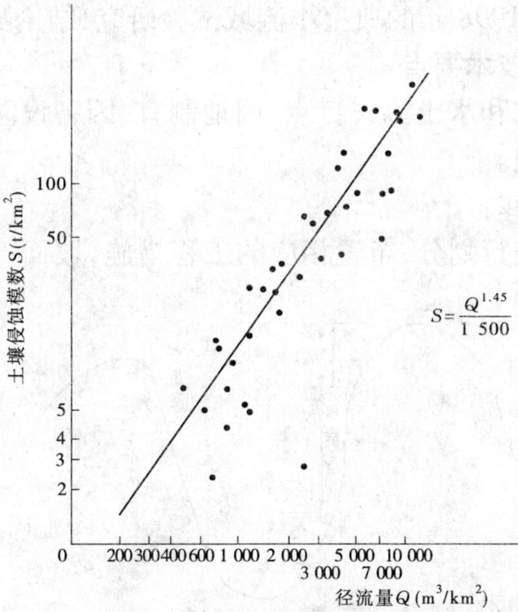

图 2-8 径流量与土壤侵蚀模数关系

4 综合治理分区防治布局与优化配置治理措施技术研究

针对风化砂页岩区成土母质肥力差、土层薄、土壤透水性差、降水径流集流快、水量大、含沙量高等特点,必须突破常规技术,做到因地制宜、因害设防;根据其土壤理化性状、水土流失特点等设计布设工程与生物措施,使点、线、面工程互相配合,自上而下发挥群体防护作用,形成有机的防护体系。

4.1 防治分区与措施配置技术

经研究调查,风化砂页岩区根据成土基岩和节理不同,自然属性和生态特征迥异。斜节理或垂直节理的风化砂页岩区,土层厚度不一,侵蚀基面不平整,水土流失较少,且水分可以通过节理缝隙下渗。现状调查多为天然次生林等,少有裸露,植物根系可伸入节理缝隙获取水分。此类型区水土保持生态建设应以封育或撒播为主,促其自然形成乔灌草复合林分。水平节理或近水平节理区域,水分难以下渗,集中冲刷形成细状基岩裸露区,防治重点是利用工程措施来改变小地形,改善小环境。利用凿浅井、炮震等使其具有一定的水分涵养量,摆大石,护片石,集中汇集细沙状土壤,利用砂页岩迅速风化的特点来治理,形成以生物株为中心的小地形结构,以水分状况来决定生物株定植数量和栽植品种,形成交互性点状、片状综合防护区域布局。

除以上整体特殊要求外,其他坡面防护体系和沟道防护体系建设布局与配置技术,经过1993~1998年的典型小流域试验研究,结论如下。

4.1.1 工程措施配置技术要点

依据土地利用方式和水土流失特点,因地制宜,因害设防,科学统筹安排水土保持综合治理措施。

4.1.1.1 坡面治理工程

坡面按不同位置进行划分,布置相应的工程措施,坡面部位划分如图2-9所示。

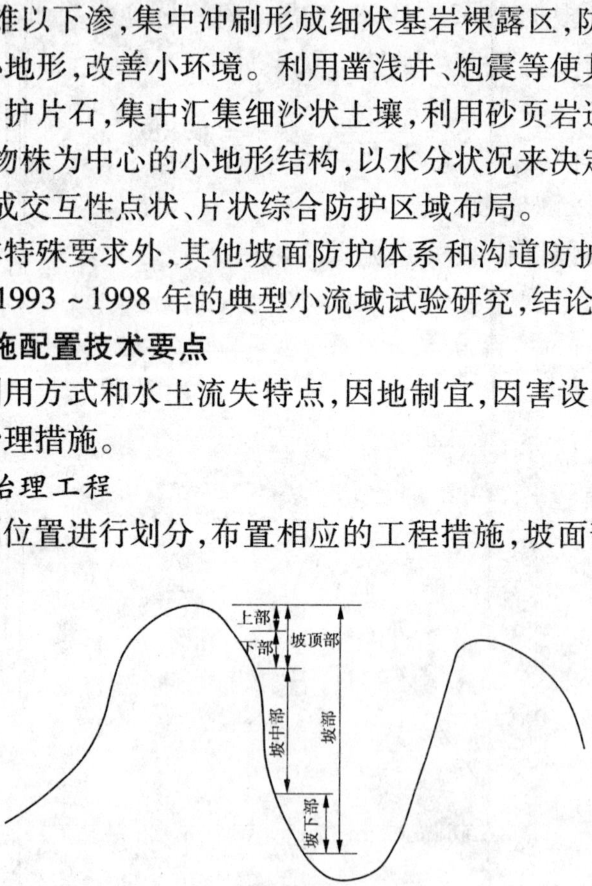

图2-9 坡面位置示意图

1)坡顶部

坡顶部分为坡顶上部、坡顶下部两部分。

坡顶上部平均坡度多在0°~15°,土层较厚,适宜农作物生长,布设梯田。

坡顶下部,坡度在15°~25°,有3~5 m厚土层,修筑反坡条田。

2)坡中部

坡中部坡度多在25°~40°,部分地表仅存深度<20 cm土壤,大多为砂页岩类风化物覆盖或区域岩石裸露,为侵蚀严重区域。

(1)有土层覆盖区域。本区域因土层较薄,为了不破坏地表,造成新的水土流失,不修建坡面治理工程。

(2)风化物覆盖或岩石裸露区域。本区域地表破碎,岩石、支毛沟如根系分布,岩石裸露,表部呈片状侵蚀。采取在支毛沟上垒挡渣墙,拦截剥蚀沙砾,荒坡上修筑鱼鳞坑等措施。

3)坡下部

坡下部有0.2~0.4 m土层,为冲积风化物覆盖,坡度较坡中部为缓,采用鱼鳞坑整地。

4.1.1.2 沟道治理工程

沟道工程措施的目的是缓洪减沙,增加蓄水能力,减少山洪危害。沟道治理的措施配置上,在支沟上修建干砌石谷坊群,以拦沙为主;在干沟上修建淤地坝,截沙造地;在干沟中下游修建塘坝,蓄水灌溉。

4.1.2 生物措施配置技术要点

(1)坡顶反坡条田区栽植经济林,栽植品种为石榴、核桃、苹果、山楂、花椒。

(2)坡中部有土区域撒播冬凌草,或进行造林整地栽植水土保持林,树种为侧柏、五角枫、黄楝、刺槐、椿树等。

(3)坡下部建造栎树、椿树、沙棘纯林,并留适当空地在树下撒播冬凌草。

4.2 典型设计

4.2.1 坡面工程设计

4.2.1.1 梯田设计

1)梯田设计依据与标准

按照国家标准《水土保持综合治理技术规范》(GB/T 16453.1~16453.6—1996),结合当地实际,参照以上研究内容,拦蓄标准按10年一遇24 h最大降雨设计。

2)梯田设计

梯田设计首先考虑土层深度,改造梯田后,梯田最小土层深应在0.8 m以上。其次,根据坡度、土层等考虑修建复式梯田或隔坡梯田等。还要综合考虑风化砂页岩区特殊的地形地貌和水土流失特征,兼顾方便耕作、保证田坎的安全和稳定、降低费用等。在此基础上进行梯田规格设计。梯田规格见表2-16。

表2-16 梯田规格

坡面坡度(°)	田面宽度 B(m)	田坎坡角(°)	田坎高度 H(m)	地埂规格	平均每公顷动土方量(m^3/hm^2)
1~5	15~20	85~70	1.5~2.3	高0.3 m,顶宽0.3 m,内坡1:1,外坡1:0.75	2 125
5~10	10~15	76~70	1.0~2.5		2 187
10~15	5~10	75~70	1.5~3.0		2 813

水平梯田断面图见图2-10。

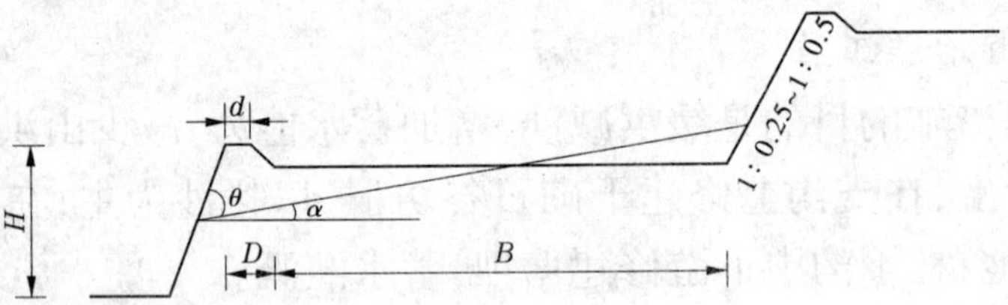

图2-10 水平梯田断面示意图

4.2.1.2 造林工程整地

整地的目的是改变风化砂页岩区的立地条件,给林木生长形成小气候。由于风化砂页岩区风化速度快,水土流失也快,在造林工程整地中要注重集中水、肥、土壤;在特别贫薄区,可以先进行整地工程建设,2~3年后再栽植林木。以上研究表明,小浪底库区上游风化砂页岩区最易造成严重水土流失的是短历时、高强度暴雨,因此在造林工程整地时应选择20年一遇最大1 h暴雨作为设计暴雨。

根据典型小流域观测资料计算,20年一遇1 h最大净雨深38 mm,每亩径流量为25 m^3。

1)鱼鳞坑整地

鱼鳞坑整地按品字形排列,规格为长1.2 m,宽0.6 m,深0.5 m,坑距间隔0.8 m,行距1.0 m,亩鱼鳞坑208个,鱼鳞坑整地见图2-11。

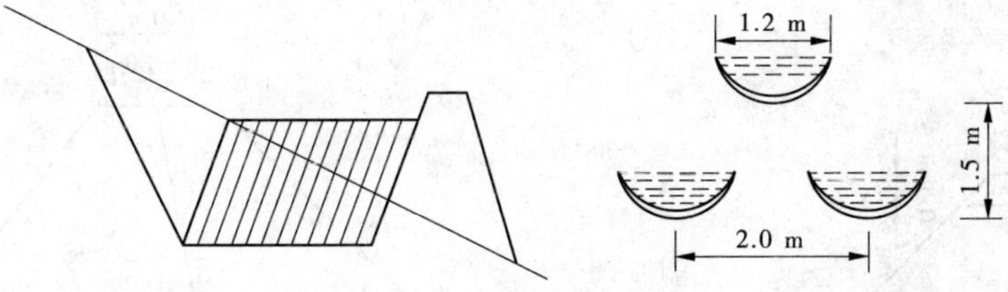

图 2-11　鱼鳞坑整地

$$单个鱼鳞坑蓄水量=\frac{0.6^2\times3.14\times0.24}{2}=0.14(m^3)$$

鱼鳞坑亩蓄水量 $=0.14\times208=29(m^3)$

经计算,每亩鱼鳞坑拦截水量大于亩产生径流量,满足设计要求。

2)反坡条田

反坡条田田面宽 1.5 m,具有 5°反坡,见图 2-12。

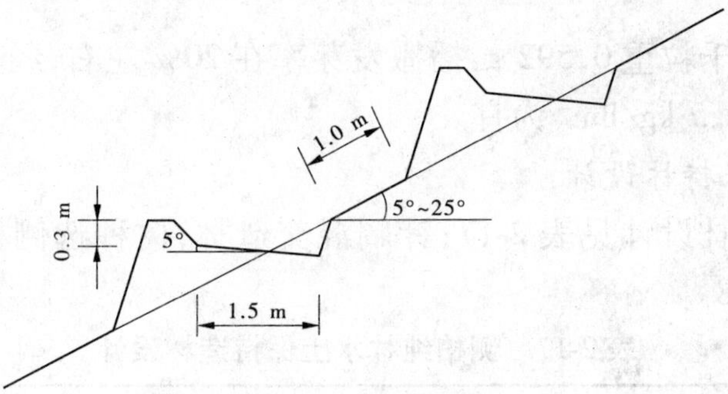

图 2-12　反坡条田

条田蓄水拦截面积为 $\tan5°\times1.5^2\div2=0.097\,5(m^3)$。

假设设计田面为 100 m×100 m,则单条反坡条田蓄水量为 9.75 m^3,若反坡条田水平间隔 1 m,可拦蓄 20 年一遇暴雨形成的径流。

4.2.2　沟道工程设计

据典型小流域沟道观测资料研究计算,谷坊、淤地坝设计标准为 10 年一遇暴雨,得出设计断面见图 2-13、图 2-14。

4.2.3　生物措施设计

4.2.3.1　水土保持经济林造林设计

根据当地土壤肥力、水利条件等因素,研究确定采用较耐旱、耐瘠薄树种,如核桃、石榴、山楂等,栽植密度 900~1 200 株/hm^2,采取密植、矮化管理方式进行经济林建设。

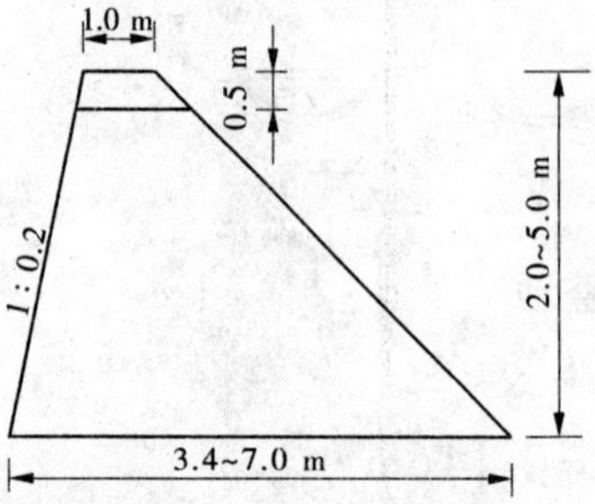

图 2-13　谷坊断面示意图

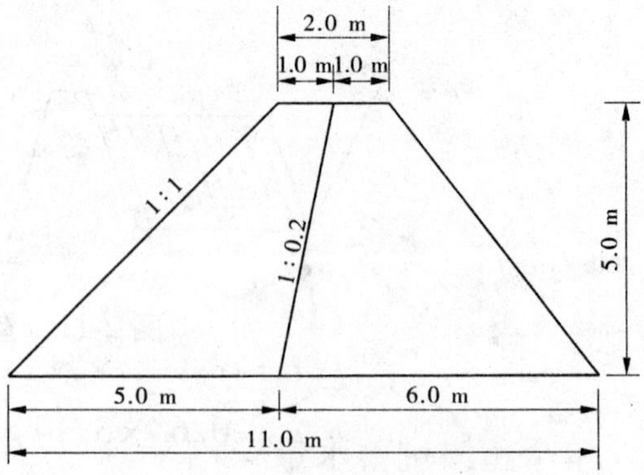

图 2-14　淤地坝断面示意图

4.2.3.2　冬凌草撒播

冬凌草为当地生草本植物，具有适应性强、水土保持效益好、经济效益高的特点，在水土流失严重的坡中部撒播，能较快地产生水土保持效益，减少坡面水土流失。

冬凌草种子千粒重 0.592 g，播撒发芽率在 20% 左右，经多次在小流域中试验，撒播量以 4.5 kg/hm^2 为宜。

4.2.3.3　水土保持林设计

侧柏纯林造林设计见表 2-17；针阔混交造林，树种选侧柏与五角枫或黄楝，设计见表 2-18。

表 2-17　侧柏纯林水土保持造林设计

树种	株距（m）	行距（m）	苗木		需苗量		备注
			树龄	种类	株/穴	株/hm^2	
侧柏	2	3	1	实生	2	3 330	营养钵苗

表 2-18　针阔混交林造林设计

树种	混交		株距（m）	行距（m）	苗木		需苗量	
	行数	方式			树龄	种类	株/穴	株/hm^2
侧柏	2	行间	2	3	1	实生	1	3 330
五角枫	1	行间	2	3	1	实生	1	1 665
黄楝	1	行间	2	3	1	实生	1	1 665

4.3　新技术在风化砂页岩区水土流失综合治理中的应用研究

由于风化砂页岩区侵蚀严重，空气干燥，风多雨少，导致岩石裸露，土壤瘠薄，常规治理方法难以奏效，因此必须在常规治理方法的基础上，试验研究推广新技术、新方法。

4.3.1　工程措施方面

4.3.1.1　炮震鱼鳞坑

风化砂页岩区大多为砂岩或砂岩页岩互层，表面呈片状剥落，常规治理用铁镐刨筑鱼鳞坑费工费时，不但难以达到规格要求，而且把岩石均凿成细小砾石，鱼鳞坑边缘因无杂草保护，且多为细小砾石难以夯实，好似散沙，遇降雨大多被冲毁，劳而无功，并造成新的水土流失。为了解决这个难题，通过研究人员的不懈努力，最终研究发明出炮震鱼鳞坑的方法，经典型小流域试验应用，效果很好。

1）方法

按鱼鳞坑分布尺寸，用 ϕ20 mm 钢钎在修鱼鳞坑处凿深 40 cm 土洞，内置雷管、导火线和 100 g 硝酸铵炸药，填实土、石砾与地面平，进行引爆；爆后，地表不被破坏，只是把地面下直径约 1 m、深约 0.4 m 范围内的岩石震裂松动。然后刨出石块，大石摆放于鱼鳞坑外缘外侧，大砾石紧靠石块，其内为碎砾石，坑中为小砾石或粉渣，石块摆放见图 2-15。

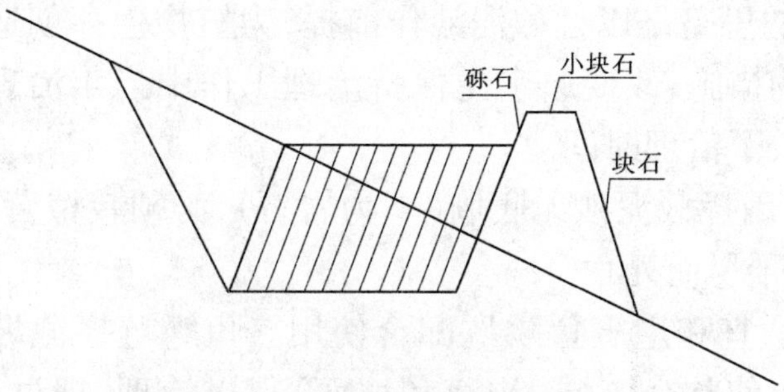

图 2-15　鱼鳞坑石块布设图

2）注意事项

（1）注意安全，放炮时人需远离。

（2）炮眼深度必须按要求，过深地表难以震碎，过浅达不到目的，且易炸飞地表，造成人为水土流失。

（3）炮眼需填实，否则放通天炮造成浪费。

3)本方法的特点

(1)本方法省工省时。

(2)硝酸铵炸药本为化肥,爆炸后增强了土壤肥力,使树木快速增长。

(3)炮震鱼鳞坑震松土体较大,更易蓄水和适宜树木生长。

(4)1~2年内,鱼鳞坑边缘内侧砾石风化,但受鱼鳞坑外侧石板阻挡不易流失,适宜野草生长,随着时间延长,外侧石块风化,但已被内侧野草蔓延覆盖,不再发生流失。

(5)由于炸药炸的坑不标准,因而使鱼鳞坑规格不统一。

4.3.1.2 挡渣墙拦截砂砾

研究区域大部分坡中部地表岩石裸露,支毛沟在流域内密布,风化物极易随地表径流流失,坡面除散布大小不一的碎屑外,无杂草生存,为风化砂页岩最难治理区域。根据课题组试验研究,采用在支毛沟内干砌挡渣墙(或称微型谷坊)进行治理,成效显著。

1)方法

在支毛沟上干砌厚为0.5 m、高度为0.5~1.2 m的挡渣墙。挡渣墙的长度视沟宽而定,一般为0.8~3.5 m,上挡渣墙与下挡渣墙的距离以下挡渣墙能容纳两侧坡面风化侵蚀物为原则。当挡渣墙淤积风化物深达0.4 m时,即可植苗造林。

2)本方法的特点

(1)本方法的思路是以拦截泥沙作前提,为植物生存创造条件,当条件适宜后,再布设生物措施,改变原水土保持治理工作中当年治理、当年布设生物措施的常规,延长了治理时间。

(2)造林时,因拦截泥沙无底墒(下为岩石),必须栽植营养钵苗。栽植非营养钵苗易缺水干旱而死亡。

(3)本方法适宜和炮震鱼鳞坑配合使用。鱼鳞坑拦截坡面泥沙,挡渣墙拦截支毛沟泥沙,使整个流域(沟道和坡面)得以治理,把过去水土保持治理禁区变为水土保持林利用区。

4.3.1.3 沟道治理

风化砂页岩区地质情况特殊,如风化严重、石质破碎、岩石剥落物多,并且该区年内降水分布不均,多在汛期以暴雨形式出现,造成径流汇流时间短、峰值高。鉴于这些特点,在该区修建淤地坝必须遵循以下特殊要求:①尽可能多地拦截泥沙、碎石,减少对下游及库区的危害;②使坡面和沟道来水快速通过淤地坝,尽可能使洪水不从溢洪口流出。

1）坝址选择

选在口小肚大，沟道平缓处。

2）坝体要求

坝体要求用浆砌石坝体。在每层砌石中，设置用荆条编制的滤水层，滤水层厚度在5～8 cm，长度在1 m左右，滤水层位置排列成品字形，见图2-16。

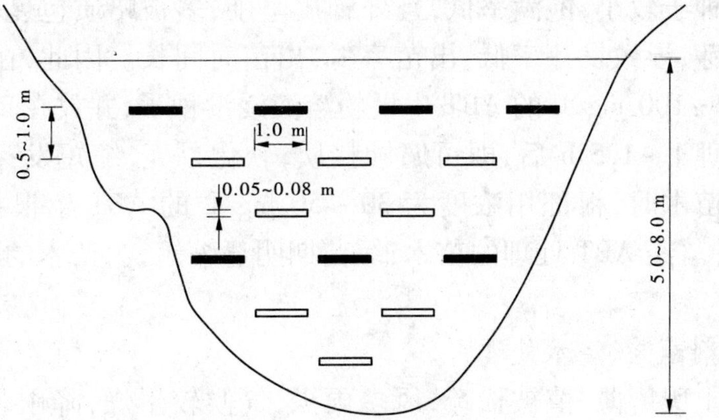

图2-16　过滤式淤地坝

3）设计标准

淤地坝设计洪水标准为10年一遇6 h暴雨。

4）修筑要求

（1）高度：该类淤地坝高度在5 m以下。

（2）本类淤地坝要分期修建，每期修建高度在2 m以下，以满足坝体稳定要求。

（3）当淤地坝拦泥沙高度达到坝体高度时进行下期加高建设。

5）本类型淤地坝特点

（1）来泥沙速度加快，据试验测算，较普通淤地坝来泥沙快40%。

（2）修建费用较低。它减少了浆砌石用量。

（3）洪水通过坝地速度快，对坝体本身冲击力减小。据实地勘测，在不增大坝体的情况下，本类淤地坝满足稳定要求。

4.3.2　生物措施方面

为提高造林成活率，在风化砂页岩区治理中生物措施布设，宜采用药物（如ABT生根粉、保水剂等）对苗种进行适当的预处理，苗木截干栽植时要采取不扰动地表的原土复原的方法。根据试验研究，以上方法造林成活率高，效果明显。

4.3.2.1 药物处理

为提高苗木栽植成活率,缩短苗木缓苗期,促进根系生长,可采用 ABT 生根粉和保水剂等方法对种苗进行处理。

1)ABT 生根粉浸种、蘸浆

ABT 生根粉主要用于灌木林播种育苗的种子浸泡和苗木栽植的蘸浆处理。灌木林种子较小,饱满率低,且外种皮坚硬,多被蜡质包裹,妨碍吸水,不利于种子发芽,导致发芽率低、出苗率低,出苗时间长。因此,在育种前,可采用浓度为 50~100 mg/L 的 ABT 生根粉溶液浸没种子,并放在 25 ℃左右的恒温暗箱中处理 1~1.5 h 后,即可腐蚀蜡质,软化果壳,缩短发芽时间,提高发芽率。栽植苗木时,根部用浓度为 30~50 mg/L 的 ABT 生根粉溶液和泥蘸浆,随蘸随种。经 ABT 处理的苗木,缓苗期明显缩短,为苗木的成活起到了关键的作用。

2)保水剂蘸浆、浇水处理

治理区土壤瘠薄,植被稀疏,风多雨少,气候较干燥,降雨多集中在 6~9 月,且多暴雨,水土流失严重,特别是在春季,大气干燥,土壤含水量低,影响植苗成活,造林难度较大,造林成活率多在 60% 以下。

用有吸水、保水、释水作用,无毒、呈中性反应的保水剂,即具有强吸水性的高分子树脂—交联型聚丙烯化学药剂,采取浇水、蘸浆等方式对造林过程加以强化,以达到保水抗旱、提高造林成活率的目的。

水源充足的治理区域采用浇水、水源匮乏的地方采取蘸浆的方法对苗木进行处理。用药量以针叶树 0.5 g/株(如侧柏)、阔叶树 0.5~1.5 g/株(如刺槐)为宜。在同一土壤条件下,施用保水剂后,由于树穴土壤水分的增加(可增加 1.5 个百分点左右),影响到土壤水势的增强(土壤水势指土壤水分的势能,也是衡量土壤水分对植物有效性的指标。土壤的水势高于植物的水势时,植根才有可能吸收水分),提高了土壤水分的有效利用率,有利于苗木成活。蘸浆需注意两点:首先,保水剂的浓度须≤8‰,并加适量的细木粉以增加根系的通气性。若浓度过大,在天气干旱、土壤含水量低的情况下,保水剂易结成胶体,使苗木根系透气不良,以致枯萎;再者,当蒸降比在 4~8 范围内,保水剂对造林成活率的提高值,随蒸降比的增大而增大,超过这个范围则造林成活率提高值降低。因此,须选择最佳的蒸降比月份,进行保水剂处理苗木造林。施用保水剂后,造林成活率平均可达 90%,且能缩短缓苗期,苗木生长势增强。

3)其他药物措施

利用磷酸二氢钾、黄腐酸钠等药物浸种和蘸根。方法如下。

浸种:用2%磷酸二氢钾溶液浸种12 h。

针叶树种:保水剂1 g+磷酸二氢钾1 g+水1 kg,泥浆蘸根造林。

阔叶树种:用2%黄腐酸钠溶液浸根12~15 h后,再用0.8%保水剂泥浆蘸根。

4.3.2.2　苗木截干

由于小浪底库区所处地理位置春冬季少雨多风,空气干燥,因而给植苗成活带来了较大影响。尤其是阔叶类树种,由于起苗时造成的根系破坏,致使栽植后水分、养分供应不上,易出现由上至下逐渐枯死的现象,形成苗木死亡,就是栽活苗木也需要较长的恢复期。对阔叶种苗,用截取苗干方法,可减少苗木水分蒸发和养分消耗,提高苗木成活率。

种苗蘸浆后,在根径上部留15~20 cm树干,剩余树干剪弃。栽植时地面以上留5~10 cm树干。当春季温度升高、苗木汁液流动、树芽萌动时,由于大量枝干被剪掉,苗木多埋入土中,生长在地下进行,因而苗木很少死亡,苗木养分和水分均集中于根部。当降雨后,土壤水分适中,会从根部长出1~3株苗,且长势健壮,当年树高可长至截干苗的高度。截干苗木生长情况见表2-19。

表2-19　截干苗木生长情况

栽植日期	树种	地表生长量	降雨日期	降雨量(mm)	无雨天数(d)	生长观测日期	成活率(%)	平均单棵发芽株数(株)	平均株高(cm)
2002-03-05	五角枫	0	2002-04-19	31.2	45	2002-05-03	95	1.8	15
2002-03-05	黄楝	0	2002-04-19	31.2	45	2002-05-03	89	1.6	12
2002-02-03	椿树	0	2002-04-19	31.2	45	2002-05-03	93	2.0	20

新技术在生物措施中的运用,使造林成活率平均可达90%以上,与常规造林相比,不仅可减少补植量,提前完成水土保持造林任务,同时可节省大量的造林经费,具有使用方便、造林成活率高、经济效益显著等特点。经在典型试验小流域中进行治理实施,大大加快了小流域治理速度,提高了治理成效。

4.4　试验区优化配置技术措施对土壤侵蚀的影响研究

为进一步验证以上生物与工程技术措施配置的科学性和合理性,研究人员选择赵沟、小北沟两条荒溪(小流域)进行对比试验观测,分析评价试验治理措施的保水保土效果。

4.4.1 对径流的影响

4.4.1.1 从径流深看削减效率

在赵沟、小北沟两条小流域的几十次洪水中,选择了降雨量和平均雨强比较近似的次洪水,对径流进行比较,看削洪作用。栎树林在次洪水中对径流的影响情况见表2-20。

表2-20 栎树林在次洪水中对径流深的影响

洪水出现时间(年-月-日)	降雨量(mm)		平均雨强(mm/h)		径流深(mm)		削减率(%)	径流系数		径流系数比(倍)
	赵沟	小北沟	赵沟	小北沟	赵沟	小北沟		赵沟(A)	小北沟(B)	(B)/(A)
1990-08-30	13.3	10.0	33.2	30.0	0.269	0.892	69.8	0.020	0.089	4.5
1991-07-15	31.0	30.1	7.3	4.3	0.020	1.662	98.8	0.001	0.055	55
1992-06-20	25.7	16.5	4.5	6.0	0.054	0.700	92.3	0.002	0.045	22.5
1993-07-28	31.1	34.4	20.7	25.8	0.506	15.086	96.9	0.016	0.439	27.4
1994-08-11	33.7	39.0	28.8	29.3	0.399	10.338	96.1	0.013	0.265	20.4
1995-07-23	52.7	46.3	22.6	17.9	0.691	4.870	85.8	0.013	0.105	8.1
1996-08-18	15.5	15.8	15.5	13.5	0.072	1.577	95.4	0.005	0.100	20.0
1997-08-13	74.8	69.0	5.5	5.0	0.365	10.985	96.7	0.005	0.162	32.4
合计	277.8	260.1	138.1	131.8	2.376	46.109				
平均	34.7	32.5	17.3	16.5	0.297	5.764	94.8	0.009	0.178	19.8

4.4.1.2 对洪峰流量过程的影响

试验治理区内由于水土保持工程的修建,以及实施封禁后地表枯枝落叶的增多、杂草恢复等使地表糙率增大,地表径流在流动过程中不断受阻,流速降低,拖延了汇流时间,增加了入渗量,使赵沟洪峰出现时间比小北沟晚,而且峰值低且洪量小。具体情况见图2-17、图2-18和表2-21。

4.4.1.3 对汛期单位面积洪水量的削减

赵沟汛期多年平均降水量539.0 mm,小北沟汛期多年平均降水量500.1 mm,赵沟汛期多年平均单位面积洪水量21 150 m^3/km^2,小北沟汛期多年平均单位面积洪水量104 100 m^3/km^2,赵沟多年汛期平均单位面积总量比小北沟减少82 950 m^3/km^2,即风化砂页岩治理区与自然荒坡相比可削减洪水总量的79.7%。

4.4.1.4 从暴雨与径流的关系看治理区的削洪作用

经几十次降雨与相应的洪水资料分析研究,建立关系式:

赵沟　　$Q = 0.725H^{1.92}$

式中　Q——单位面积径流量,m^3/km^2;

H——次降雨量,mm。

降雨量与径流量的关系曲线见图2-7。

从关系式清楚地看出,降同等雨量,小北沟的产流量是赵沟的11倍,即赵沟比小北沟少产流90%以上。从曲线看,小北沟偏上,赵沟偏下,小北沟10 mm的降雨就可能产流,而赵沟需要14 mm的降雨才可能产流。

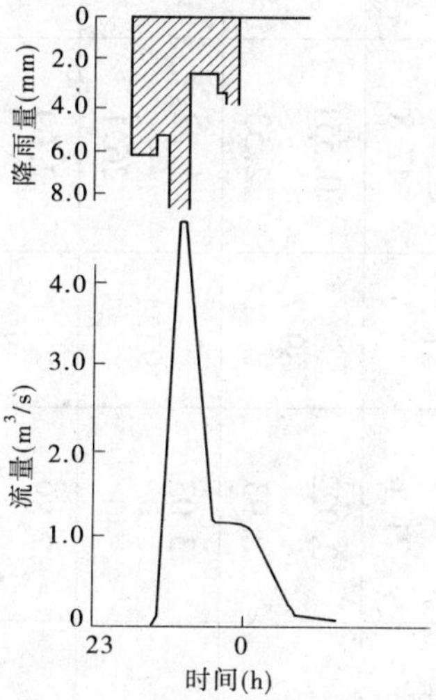

图2-17　小北沟洪峰过程线(1982-08-10)

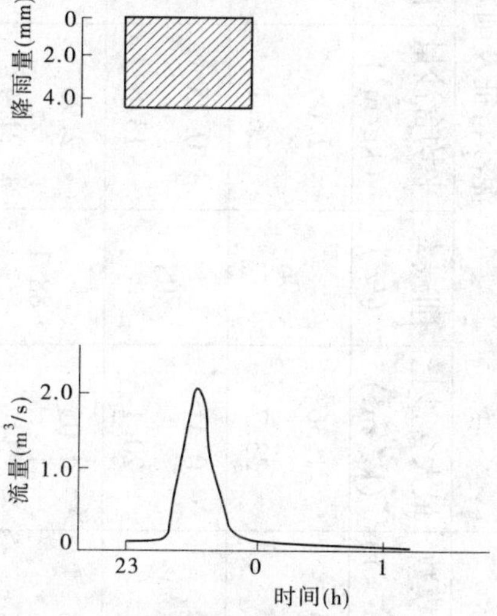

图2-18　赵沟洪峰过程线(1982-08-10)

表2-21　1992年8月10日洪峰过程线主要特征

荒溪名称	面积(km^2)	降雨量(mm)	降雨至起涨历时(min)	涨水历时(min)	峰顶流量(m^3/s)	涨率(m^3/min)	峰纵宽比	基流情况	雨强对洪峰的影响
赵沟	0.78	60.0	14	18	2.07	0.141	1.89	时长量大	不明显
小北沟	0.13	56.9	7	14	4.92	0.351	3.03	极短极小	甚明显

4.4.2　对泥沙的影响

前边已说明,治理区对洪水的大量削减,治理区的土壤流失量也相应下降。

4.4.2.1　*在次洪水中的减沙作用*

为研究洪水对土壤的侵蚀,选择赵沟、小北沟降雨量和雨强近似的同次洪水,对泥沙的流失量进行对比。水土保持林在次洪水中的减沙效益见表2-22。

表 2-22 水土保持林在次洪水中的减沙效益

时间（年-月-日）	测站	雨情		径流特征值		泥沙特征及削减效率					
		雨量（mm）	雨强（mm/h）	径流深（mm）	最大流量模数（$m^3/(km^2\cdot s)$）	最大含沙量（kg/m^3）	削减率（%）	平均含沙量（kg/m^3）	削减率（%）	输沙模数（t/km^2）	削减率（%）
1990-08-30	赵沟	10.2	14.9	0.04	0.036	1.36	96	1.06	95.9	0.068	99.8
	小北沟	10.7	25.7	1.177	1.91	33.7		26.1		30.9	
1991-07-15	赵沟	31	7.3	0.022	0.009	0.41	98	0.25	98.2	0.008	100
	小北沟	30.1	4.3	1.662	1.19	20.1		13.6		22.5	
1992-06-20	赵沟	25.7	4.5	0.054	0.033	4.05	88.1	2.95	86.2	0.159	98.9
	小北沟	16.5	6	0.7	0.831	34		21.4		15	
1993-07-28	赵沟	31.1	20.7	0.506	0.367	30.4	45.6	15.2	65.1	7.71	98.8
	小北沟	34.4	25.8	15.09	11.5	55.9		43.5		657	
1994-08-11	赵沟	33.7	28.8	0.445	0.286	13.2	81.3	9.19	80.8	4.49	99.1
	小北沟	39	29.3	10.34	10.2	71.1		47.8		495	
1995-10-11	赵沟	41.4	4.4	0.135	0.023	0.922	89.7	0.551	78.2	0.09	99.9
	小北沟	55	4.2	23.95	1.1	8.93		2.53		60.7	
1996-08-18	赵沟	15.5	15.5	0.072	0.018	3.03	92.4	1.22	95.3	0.105	99.7
	小北沟	15.8	13.5	1.577	1.6	40		26.1		41.2	
1997-08-13	赵沟	74.8	5.5	0.365	0.103	7.89	85	2.09	79.7	0.863	99.3
	小北沟	68	5	10.98	3.35	52.5		10.3		116	

从表 2-22 中可以看出，治理区可以使单次洪水输沙模数减少 98.8% 以上，使最大含沙量减少 45.6% 以上，使平均含沙量减少 65.1% ~98.2%。

4.4.2.2　从土壤的侵蚀深度看风化砂页岩区治理的保土作用

将赵沟、小北沟年土壤侵蚀量按容重换算为侵蚀深，绘制累计侵蚀深度图，见图 2-19、表 2-23。

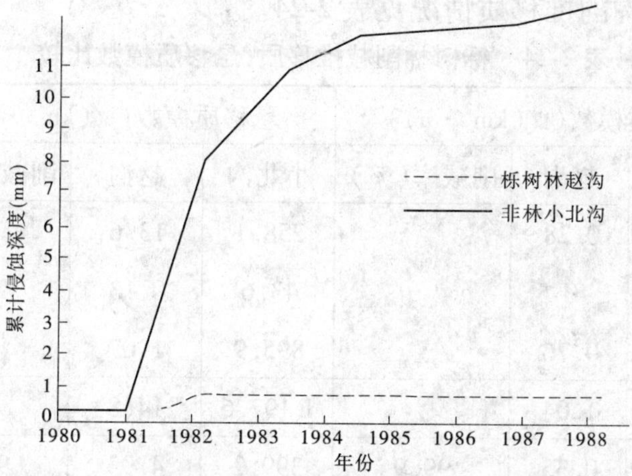

图 2-19　栎树林赵沟与非林小北沟历年累计侵蚀深度

表 2-23　土壤侵蚀深度对照

年份	侵蚀模数(t/(km²·a))		侵蚀深度(mm)			
			年侵蚀深		累计侵蚀深	
	赵沟	小北沟	赵沟	小北沟	赵沟	小北沟
1990	12.2	433	0.008	0.289	0.008	0.289
1991	0.008	37.1	0	0.025	0.008	0.314
1992	1 020	9 540	0.679	6.359	0.687	6.673
1993	74.4	3 520	0.050	2.349	0.737	9.002
1994	6.01	1 600	0.004	1.067	0.741	10.089
1995	13.6	258.1	0.009	0.172	0.750	10.261
1996	0.13	43.6	0	0.029	0.750	10.290
1997	1.07	895.9	0.001	0.597	0.751	10.887

由图 2-19，赵沟 8 年土壤累计侵蚀深度 0.751 mm，而小北沟 8 年土壤累

计侵蚀竟达 10.887 mm,相比之下,赵沟的土壤侵蚀量比小北沟少 93.1%。

4.4.3 对推移质的影响

在洪水过程中,比较细小的土壤颗粒悬浮在水中顺流而去,而较大的沙石颗粒由于悬浮不起,沿着地面顺水向前滚动。这种沿地面滚动的土壤称为推移质。

赵沟和小北沟的推移质情况见表 2-24。

表 2-24 栎树林削减推移质、悬移质模数比较

年份	推移质模数(t/(km^2·a))			悬移质模数(t/(km^2·a))			说明
	小北沟	赵沟	削减率(%)	小北沟	赵沟	削减率(%)	
1995	68.39	0.28		258.1	13.6		推移质容重 1.7 t/m^3
1996	31.38	0		43.6	0.13		
1997	1 238.38	0.76		895.9	1.07		
合计	1 338.15	1.04		1 197.6	14.8		
平均	446.05	0.35	99.9	399.2	4.93	98.8	

从表 2-24 看,赵沟与小北沟相比,对土壤侵蚀中的推移质削减率达 99.9%,对悬移质的削减率达 98.8%,二者很接近;但如果将同一条沟的悬移质与推移质进行比较,小北沟的比值为 1∶1.12,即有 1 t 悬移质就要产生 1.12 t 的推移质,而赵沟比值仅为 1∶0.07,即有 1 t 悬移质的产生,只有 0.07 t 推移质出现,观测数据进一步显示了砂页岩治理后的防冲保土作用。

4.4.4 试验治理对减少土壤侵蚀的因素分析

4.4.4.1 流域微地形的改变

坡面通过布设梯田、反坡条田、鱼鳞坑等治理措施,拦截了部分径流、泥沙,对坡面侵蚀有一定的削减(详见坡面工程设计),并把坡面长度多次分隔,减小了坡面径流的惯性动能,减少了沟蚀发生。

4.4.4.2 生物措施的作用

生物措施的水土保持作用主要体现在两个方面:一是枝叶承接降雨,削减了雨滴势能,减缓了对地面的击溅力;二是根络固土。

1)水土保持林树冠截留降雨的作用

经过 10~15 年的治理,大多阔叶树种可郁闭成林。本研究选择郁闭度为 0.8 的水土保持林进行树冠截留降雨能力观测,结果见图 2-20。

从图 2-20 看,栎树林截留降雨能力的总趋势是:随着雨量的增大,截留能

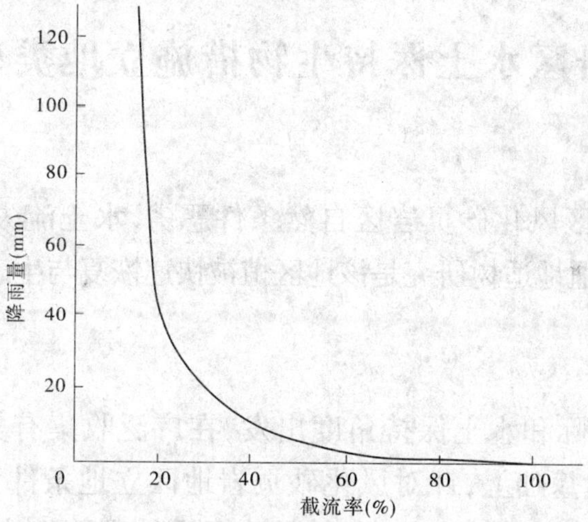

图 2-20　降雨量与截流率关系

力逐渐变小。降雨量在 3 ~ 35 mm,截留能力逐渐变小。降雨量大于 35 mm 后,截留能力变得很有限。分析本地区降雨,一次降雨量小于 35 mm 的次数,占总降雨次数的 80% 以上。因此,水土保持林林冠截留降雨对减少地表径流有较大的影响。特别是林冠像把雨伞一样遮蔽地面,承接降雨,使地面免遭暴雨的直接打击,削弱了雨滴对土壤的溅蚀作用。

2)根络固土

据调查,栎树一年生实生苗主根长达 23 cm,侧毛根多达 30 多条。风化砂页岩区的 15 年生栎树高达 8 m,胸径 16.7 cm,主根长 6.5 m,一级侧根 26 条,长度 1 ~ 5 m。二级侧根 78 条,长度 0.3 ~ 1.5 m。这些根系多分布在 0.2 ~ 1.5 m的表土和石缝中,犹如网络一样将土壤与石块牢牢地镶嵌在一起,增加了土壤的抗蚀能力。

3)土壤结构的改变

试验治理区的梯田机械耕作使活土层增厚、土质疏松,增加了土壤的透气性;尤其是水土保持林地的枯枝落叶形成的腐殖质层,使林下土壤疏松,其中常有的腐烂树根及森林动物、昆虫等遗留的穴洞,改善了土壤结构。据测定,林地 0 ~ 30 cm,土壤容重为 1.39 g/cm^3,自然荒坡为 1.58 g/cm^3。土壤结构的变化,也引起了 0 ~ 20 cm 土层的土壤饱和持水量增大,经测定,自然荒坡为 12.4%,林地为 16.0%,相差 3.6%。同时,林区的土壤水分渗透率,从初渗到稳渗的整个过程中,都大于自然荒坡的土壤渗透率。具体情况见图 2-6。

土壤结构的改变,增大了土壤入渗率,减少了地表径流,减轻了水土流失。

5　风化砂页岩区水土保持生物措施立地类型划分与适地适树研究

小浪底水库库区风化砂页岩区自然条件恶劣,水土流失严重,因此开展立地条件类型划分和适地适树研究是该地区植被快速恢复与生态重建的技术关键。

5.1　研究方法

研究从当地实际和水土保持角度出发,在广泛收集有关资料和吸取国内外同类研究成果的基础上,针对风化砂页岩地区立地条件和适生树种进行综合调查研究,采用统计分析的方法,利用计算机处理筛选出主导因子,对立地条件进行综合评价,在此基础上综合运用林学、水土保持学和生态经济学等理论,确定适生树种,并利用当地分布广泛的刺槐、栓皮栎和侧柏三个主要树种优势木生长量进行立地质量评价;同时积极试验引进国内外先进的水土保持生物品种,挖掘驯化本地优良的水土保持生物品种。

5.2　主要试验研究内容

5.2.1　不同树种在不同立地条件下的适生观测

为了直观比较不同树种的适生情况,研究人员对主要立地条件下适生的本地树种生长情况进行连续调查和观测,以生长势作为主要指标进行评价,为最终立地分类成果提供基础资料,下面把 1992～1998 年间的树种生长情况的观测成果列表说明,见表 2-25。

表 2-25　主要立地条件的树种生长情况

立地条件	树种	树龄	调查株数	树高(m)			生长势
				平均单株生长量	平均生长量	%	
砂页岩阴坡薄层土	臭椿	14	9	19.4	0.71	100	良
	侧柏	25	8	4.4	0.16	22.4	中
	刺槐	10	12	4.61	0.46	64.5	差
	栓皮栎	20	15	5	0.25	35	中
砂页岩阳坡中厚层土	臭椿	15	8	9.5	0.63	100	良
	侧柏	10	16	7.3	0.73	116	良
	刺槐	25	10	6.95	0.28	44.1	优
	栓皮栎	30	5	15.0	0.5	79.1	优

续表 2-25

立地条件	树种	树龄	调查株数	树高(m)			生长势
				平均单株生长量	平均生长量	%	
砂页岩阴坡薄层土	臭椿	14	2	14.0	1.0	100	优
	栓皮栎	30	10	9.58	0.32	32	中
	刺槐	10	5	7.0	0.7	70	中
	五角枫	15	6	6.0	0.4	40	中
	侧柏	25	4	5.0	0.2	20	中
	黄楝	15	3	6.0	0.4	40	中
砂页岩沟底型	毛白杨	25	5	20.3	0.81	100	优
	小叶杨	15	4	15.5	1.03	128	优
	臭椿	13	3	8.67	0.57	82	良
	柳树	15	4	15.0	1.0	123	优
	黄连木	30	2	6.5	0.22	27	中
	刺槐	10	10	8.25	0.85	105	优
	栓皮栎	30	15	16.5	0.55	68	优

5.2.2 野生灌木在砂页岩区水土保持林体系中的作用研究

通过调查,研究人员发现试验治理区的浅山丘陵区野生灌木种类较为丰富,主要有酸枣、黄荆、鼠李、黄栌、棠梨、盐肤木、冬凌草、暴榆、胡颓子、山杏、山桃、黄刺玫、杠柳、山皂荚、连翘、胡枝子、枸杞等 17 种,适应性很强,然而它们历来被认为是"荆棘之材"而为人们忽视。通过本次研究布设的生物措施小区试验表明,在土层浅薄、岩石裸露、地形破碎的砂页岩水土流失区,植物措施选择面极窄,以乔木为主往往难以奏效;应把灌木摆在重要位置,采取灌草先行的措施是加速该地区水土流失治理的有效途径。研究人员从经济利用、保水保土效能和生态适应性诸方面综合考虑,通过分析筛选,确定 8 种野生灌木占优势,可作为砂页岩剥蚀侵蚀区治砂、治沟、治坡的先锋水土保持植物。在 8 种灌木中,尤以冬凌草表现最为突出,生态、社会、经济效益俱佳。因此,对其进行了重点试验研究。

冬凌草(Rabdosi rubescens)是在济源挖掘新开发的一种防癌抗癌植物,

是本研究针对砂页岩区治理技术生物措施布设试验的主要研究树种之一，为中药材的后起之秀，有较高的经济、药用价值。《中国土特产大全》将其列为济源一大特产。它属于唇形科亚灌木，介于灌木和草本植物之间，根状茎水质，地上部分木质化，是风化砂页岩区很有发展前景的重要药用保土植物。

调查及研究表明，济源砂页岩地区的山坡、谷地、林缘、石缝均有冬凌草生长，其耐旱力很强，在干旱瘠薄的阳坡，旱季土壤含水率降到3.9%～4.6%时，与其伴生的耐旱灌丛黄荆出现萎蔫，而其依然生长正常。冬凌草根系特别发达，集聚在0～30 cm土层中，水平根相互盘根错节，密如蛛网，可有效地网络土壤；发叶较早，可早期形成郁闭，且灌丛繁茂，是优良的水土保持植物。根据虎岭试验对比小区定点观测研究，一年生冬凌草较对比小区减少径流量36.1%，土壤流失量减少48.5%；较一年生金银花小区削减径流量18.3%，减少土壤流失量26.8%。因此，研究人员立足当地资源优势，率先组织技术力量对这种地方特产进行了全面深入的研究，探讨总结出冬凌草从播种、扦插、分根繁育到栽培管理的成套技术，从而使冬凌草种子出苗率由野生传播的不足1%提高到87.2%；扦插生根率达到90.5%。同时开展了冬凌草生态经济基地建设，取得了明显的水土保持效益和经济效益。

为变资源优势为商品经济优势，课题研究协作单位济源市水土保持科学研究所在课题研究的基础上，研制开发了以冬凌草为主要原料的新型保健茶——中国冰凌茶，该茶的制备工艺和配方获得了国家发明专利，产品荣获“首届中华百绝博览会金奖”，并远销国内外，受到了广大消费者的青睐，使冬凌草的开发利用工作步入了良性轨道。

上述工作的开展，对促进砂页岩地区的水土保持治理，起到了积极的推动作用。

5.2.3 试验引进先进的水土保持树种和牧草

5.2.3.1 水土保持树种

1）沙棘（*Hippophae rhamnoides* L）

1986年，济源市在风化砂页岩浅山区引种栽培优良的水土保持经济灌木——沙棘，结合立地分类进行试验，研究试验结果表明，沙棘在风化砂页岩区表现出了较强的适应性和旺盛的生命力，其可在风化砂页岩区的小流域治理中大面积发展，特别是在基岩裸露的风化砂页岩区的水土保持治理中可作为先锋树种大力发展。

2）火炬树（*Rhas typhina* L）

火炬树为我国华北、西北地区重要的水土保持树种。研究中对其进行引种试验，初步试验表明，在干旱瘠薄的浅山丘陵区，造林成活率高达95%以上；其串根力强，造林当年就可以从伸展的侧根上萌生3~5株小苗，以后每年萌生10~20株小苗，生长优于侧柏、刺槐，表现出惊人的抗旱力和保水保土能力。

5.2.3.2　水土保持牧草

1）沙打旺、小冠花

沙打旺和小冠花是1983年当地引进的生长表现较好的两种牧草。据调查，即使在土厚不足10 cm的砂页岩地区，沙打旺也能良好生长，植株可高达1.5 m，产鲜草量1 000 kg/亩；小冠花在沙荒地上生长旺盛，产草量1 500~2 000 kg/亩。

2）紫花苜蓿

紫花苜蓿为当地乡土草种，生长在田间、地坎，根系特别发达，防塌固沟作用突出，产草量高达1 000~2 000 kg/亩。其营养成分丰富，可饲喂各种食畜，是优质牧草。

5.3　立地分类成果

研究结果将风化砂页岩区划分为2个亚区和10个立地类型，共筛选出适生水土保持造林树种28种，其中乔木9种、经济林8种、灌木8种、牧草3种，为该地区植被快速恢复与生态重建工作提供了科学依据。风化砂页岩区水土保持生物措施立地分类成果详见第三篇。

6　实施水土保持综合治理措施后的效益预测

6.1　观测方法

以典型小流域（白马河流域）治理效益为基准效益值，推算整个小浪底库区上游风化砂页岩地区的综合治理效益。本研究效益预测，只作静态计算，不作动态分析，效益计算期为30年。

6.2　基准效益值

根据专题研究结果分析计算，白马河流域综合治理技术措施实施后，每年可蓄水290.07万m^3，保土14.11万t，直接经济效益达1 307.91万元。按照面积平均，年保水效益为7.66万m^3/km^2，年保土效益为0.37万t/km^2，年直接经济效益为 34.55 万元/km²。

6.3 综合治理效益预测

6.3.1 基础效益(保水、保土)

小浪底水库库区风化砂页岩及整个库区水土流失得到全部治理,年保水:7.66 ×3 004.94 =23 017.8(万 m³),30 年累计可保水 690 534 万 m³;年保土:0.37 ×3 004.94 =1 111.8(万 t);30 年累计可保土 33 354 万 t。

通过计算可知,在小浪底库区上游风化砂页岩地区实施水土保持综合治理技术措施,其效益是非常明显的,特别是保水保土效益,每年减少径流 23 017.8 万 m³;累计减少入库泥沙 33 354 万 t,占小浪底死库容 75.5 亿 m³ 的 3.2%,相当于延长小浪底水库使用年限 1 ~ 2 年;由此而产生的防洪、灌溉、水力发电等效益十分巨大;以排挖入库泥沙 20 元/t 计算,仅此一项,可减少河道及水库淤积造成的经济损失 667 080 万元。

6.3.2 经济效益

年直接经济效益:34.55 ×3 004.94 =103 820.7(万元);累计 3 114 621 万元。

项目区内总人口 16.7 万人,人均增收 1 334 元;同时,如果进行果品深加工和编织加工,还会产生巨大的间接效益。

6.3.3 生态效益

生态效益表现在以下几个方面:

一是改善了土壤的理化性质和性状,土层变厚,氮、磷、钾养分含量增高,土壤肥力增强。

二是表现在局部小气候的改变上。林草措施有利于促进土壤涵养水分,防风减沙。措施完全实施后,库区上游暴雨和洪水将会减弱,清水常流,风调雨顺。

三是加大了林草面积,提高了植被覆盖度,林草茂密,山清水秀,也有利于野生动物和鸟类的栖息与繁衍,有利于生态系统的良性循环。

6.3.4 社会效益

小浪底库区上游风化砂页岩地区实施水土保持综合治理后,其社会效益十分显著。

(1)提高了库区上游地区的利用率和产出率,改善了项目区农业经济结构。项目区全面实施治理后,土地利用率和产出率明显提高,土地利用结构和经济结构也将趋于优化,农村经济快速发展,人均收入迅猛增长,将呈现五谷丰登、六畜兴旺、人民安居乐业的大好局面。

(2)减轻了区域的自然灾害。生物和工程措施将有效防治水土流失,做到“水、土不下山”,气候和水资源状况也会明显改善。风、沙、暴雨、洪水、干旱等自然灾害逐年减轻,逐步变为风调雨顺。

(3)带动相关产业的发展。区域地处中原腹地,人文历史景观较多,风化砂页岩地区达到彻底根治后,生态环境明显好转,加上著名的小浪底水库,参观者、旅游者会成倍增长。旅游业的发展,还将带动相关产业的发展,使库区上游、中原腹地,更加繁荣昌盛。

7 研究结论

本研究在试验和深入调查了解项目区基本情况及已有水土保持生态建设工程的基础上,采用航片判读和1∶5万地形图现场实地踏查勾绘相结合的方法,对小浪底水库库区风化砂页岩的水土流失综合因子进行了调查,基本查明了整个库区和风化砂页岩区的水土流失现状,并系统分析评价了其水土流失的危害、成因以及开发利用中存在的主要问题。围绕项目区生态快速重建和水土资源高效持续开发利用,把治理水土流失与改善生态环境、保障农业可持续发展、维护国家重点大型水利枢纽工程——小浪底水库的生态安全作为首要目标,从项目区水土保持生态重建急需解决的技术关键入手,在对项目区风化砂页岩的土壤理化性状、土壤水分动态分布规律、土壤改良与利用、土壤侵蚀特征和风化砂页岩区水土保持生物措施立地类型划分与适地适树等进行系统深入的试验分析研究的基础上,结合风化砂页岩区典型小流域(砖阳河小流域)综合治理试验模式,科学地提出了小浪底水库库区风化砂页岩综合防治布局与优化配置技术,同时,对研究成果在项目区的应用效果作出了全面总结与评价。研究报告得出的主要结论如下:

(1)通过对风化砂页岩区的岩性特征、土壤理化性状化验分析、土壤改良利用试验研究,说明本研究所取得的研究结果客观可靠。研究结论为项目区水土保持综合治理措施配置与布设,特别是农业技术措施和植物技术措施配置与布设提供了科学依据。土壤理化性状分析结果表明,风化砂页岩区土壤养分含量受成土母质影响明显,在砂页岩、石灰岩风化物基础上形成的砂石土、灰石土养分含量较高,宜林性较好;在黄土母质上形成的黄土质褐土性土以及碳酸盐褐土养分含量相对较低,其宜林性也较差。同时,本研究指出,在立地条件恶劣的风化砂页岩区,工程和生物技术措施的科学配置和综合运用,是加速土壤形成和熟化、改善风化砂页岩土壤理化性状的根本途径；为全省乃至全国类似地区的水土保持土壤改良奠定了理论基础。

(2)采用在小流域内布设对比观测断面和径流试验观测小区，对风化砂页岩区土壤侵蚀特征研究后得出，降雨对土壤侵蚀的影响主要是历时1～6 h、雨量20 mm以上、雨强5～20 mm/h的急雨和暴雨；不同坡长对水土流失的影响，其中30～50 m长的坡面是各种侵蚀形态最发育、最严重的地带；同时，风化砂页岩区土质荒坡土壤入渗率低，土壤最大持水量小，降雨后土壤对雨水容纳少，极易形成地表径流，诱发严重的水土流失。据此，必须因地制宜、因害设防地布设水土保持综合治理措施。本研究在大量试验研究基础上，科学提出了本区域各种水土保持工程防护标准。

(3)小浪底水库库区风化砂页岩区自然条件恶劣，水土流失严重，因此开展立地条件类型划分和适地适树研究是该地区植被快速恢复与生态重建的技术关键。本研究从当地实际和水土保持角度出发，在广泛收集有关资料和吸取国内外同类研究成果优点的基础上，针对风化砂页岩地区立地条件和适生树种进行综合调查研究，采用统计分析的方法，利用计算机处理筛选出主导因子，对立地条件进行综合评价，在此基础上综合运用林学、水土保持学和生态经济学等理论，确定适生树种，并利用当地分布广泛的刺槐、栓皮栎和侧柏三个主要树种优势木生长量进行立地质量评价；同时积极试验引进国内外先进的水土保持生物品种，挖掘驯化本地优良的水土保持树种；研究结果将风化砂页岩区划分为2个亚区和10个立地类型，共筛选出适生水土保持造林树种28种，其中乔木9种、经济林8种、灌木8种、牧草3种，为该地区植被快速恢复与生态重建工作提供了科学依据。

(4)"砖阳河小流域综合治理试验模式"是小浪底水库库区风化砂页岩区水土保持综合治理防治布局与优化配置技术的前期试验项目。依据水土保持和生态平衡理论，以小流域为单元，因地制宜、因害设防，科学配置各项治理措施，经过3年的综合治理，自上而下建立了4道综合防护体系防线和五大水土保持开发治理基地的水土保持综合治理模式，为风化砂页岩区水土保持综合治理树立了样板，提供了经验和科学依据。

(5)风化砂页岩综合治理防治布局与优化配置技术，是在以上一系列基础研究和前期开展小流域综合治理试验基础上，针对风化砂页岩区特有的地质岩性、成土母质、水土流失等特点，研究及治理打破常规技术，做到因地制宜、因害设防；根据其土壤理化性状、水土流失特点设计布设工程与生物措施，使点、线、面工程互相配合，自上而下发挥群体防护作用，形成了有机的防护体系。

(6)炮震鱼鳞坑、过滤式淤地坝、ABT生根粉、苗木截干等新技术、新方法的发明和应用,在理论和实践上均实现了创新,进一步拓展了我国小流域水土保持治理的内涵。

(7)该研究成果已在试验区(典型小流域)推广应用180 km^2,生态、经济效益和社会效益显著,为风化砂页岩区和整个小浪底水库库区乃至全省水土流失综合防治提供了样板与治理模式。

第三篇　风化砂页岩区水土保持生物措施立地类型划分与适地适树研究

风化砂页岩剥蚀侵蚀区自然条件恶劣,如何在这一地区营造水土保持林、营造什么样的水土保持林,探索出一套该地区植被快速恢复与生态重建技术,是本研究和面上水土保持综合治理成败的关键所在。生态学观点认为:林木与环境是统一体,有什么样的立地条件,就要求出现一定的林木种类与之适应。通过把立地条件及生长效果相似的林地进行科学归类,就可以按类型总结推广水土保持造林技术经验,制定技术措施,做到适地适树、适灌、适草,使水土保持植物的生态特性和立地条件得到统一,最终建立一个乔、灌、草立体多层的生物结构群体,最有效地发挥水土保持林体系的防护效益、经济效益和生态效益。

同一地区、同一山脉的不同地形和土壤,就可能有不同的适生植物种类或生长效果不同的同类植物。风化砂页岩地区不仅自然条件恶劣,而且复杂多样,因此必须按照地质、地貌、地形部位、土壤等条件划分立地类型,试验研究不同类型的适生乔灌草种,才能加速水土保持林防护体系的形成。

风化砂页岩区地理位置如图3-1所示。

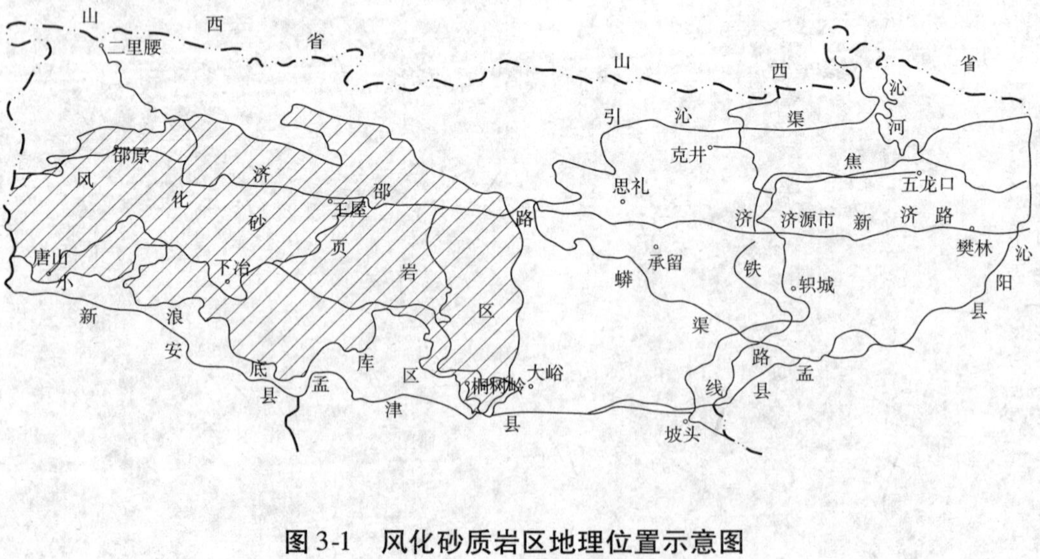

图3-1　风化砂质岩区地理位置示意图

1　研究方法

本研究从水土保持的角度出发,在广泛收集有关资料和汲取国内外立地分类和适地适树研究成果优点的基础上,对风化砂页岩地区立地条件和适生树种进行综合调查,利用计算机处理筛选出主导因子,对立地条件进行综合评价,并在此基础上确定适生树种,运用林学、水土保持等学科理论,阐述各立地类型的发展方向,研究解决砂页岩地区当前和今后水土保持生物措施的栽植及配置等技术问题。

立地分类是依据自然生态因子组合对林木生产力的反映划分立地层次或类型,以便组织生产。因此,分类应具有科学性和实用性,并做到直观易测、生产可行、使用方便;本区立地分类的原则如下:

(1)本着地质、地貌条件一致的原则。本区人口稠密,因受垦植及人为活动的影响,表土流失严重,下部土壤多处于幼年状态,与母质、母岩有很大的相关性;而不同的地貌类型及山体走向、坡向、坡位、坡度等地形变化,使光、热、水、肥等因子有规律地重新分配。由此可见,地貌、地质的不同组合,可导致不同的生态环境。

(2)多因子与主导因子相结合的原则。立地分类涉及气候、地质、地貌、土壤、植被、水文等学科,而且各立地因子相互依赖、相互影响、相互制约。在众多因子中,它们各自对林木生长的影响程度不同,其中有起主导作用的因子。因此,在划分立地类型时,一方面要综合考虑有关因子及其相互关系,另一方面要从多因子中提出主导因子,作为划分立地类型的依据。

(3)以水土保持区划为基础,林学、水土保持相结合的原则。水土保持区划综合自然条件、经济条件、社会条件等因素,侧重对水土流失类型划分及侵蚀强度分级,并在此基础上提出不同侵蚀类型的治理措施,以有效控制水土流失。而林业立地分类则属纯自然分类,在此基础上对立地质量进行评价,可从林学角度具体提出不同类型的适宜树种,以发挥最大生产力;因而二者既有区别又有联系,由于本研究侧重于水土保持治理措施,故应首先考虑水土流失因子,使林学、水土保持有机地结合起来。

(4)生态经济原则。生态经济学观点认为,既要考虑自然环境条件,又要考虑社会经济条件,使生态效益和经济效益达到最佳配合,才能充分发挥自然条件的潜力和满足社会经济发展的需要。进行立地分类,因地制宜、科学合理地选择水土保持植物,既要考虑其生态适应性,又要考虑其经济适应性,即通过植被建设,合理使用当地的自然资源,在发挥保水保土效益的同时,兼顾经济效益。

(5)面向生产,以当地水土保持造林技术水平为宗旨的原则。立地分类要客观地反映砂页岩风化剥蚀区立地条件状况和当前及今后水土保持治理生物措施可挖掘的潜力,以便因地制宜地设计水土保持植物种类(乔灌草)及其配置,以及确定相应的整地工程措施,以提高水土保持林营造水平。

根据以上原则,结合砂页岩区实际及生产需要,确定立地分类系统为三级:

· 砂页岩剥蚀侵蚀类型区,下分:

· · 立地类型组

· · · 立地类型

类型组是承上启下的分类单元,是以某一主导因子为控制,归并立地条件相近似的立地类型,是许多地域不相连的立地条件较相似的地段的组合。

立地类型是基本的分类单元,主要依据局部小地形和土壤因素进行分类,是具有相同或相似的立地条件的地段联合,相同立地类型可采取相同的水土保持造林技术措施。

2 立地主导因子的确定

构成立地条件的众多因子之间是相互制约和影响的,诸多环境因子可同时影响一个生物因子,而一个环境因子又可同时影响多个生物因子,因此对任何一个环境因子都不能孤立去看;一个环境因子的变化可引起其他环境因子的变化,但是,在一定区域内,决定造林地立地条件的所有因子中,有起主导作用的因子,而由于不同树种的生态适应性不同,其主导因子可能不同。本研究旨在通过对影响土壤水分、养分以及不同树种的主导因子的综合分析,最终找出影响本类型区造林成效的主导因子,然后分级组合得到立地类型。

以上研究已经按"分类"的原则,对影响土壤水分、养分水平的地形、土壤因子进行了分析论证。为了进一步验证这些结论,做到科学地指导水土保持营林工作,研究人员对刺槐、栓皮栎及侧柏等三个主要水土保持树种进行了调查,通过对标准地材料的检查整理,把反映林木生长立地条件最敏感的优势木高作为因变量,把各生态因子作为定性项目(注:考虑到刺槐、栓皮栎在当地有次生经营,为此将林木起源也作为定性项目列入),树龄取常用对数作定量项目,根据各因子的不同水平对各树种高生长的影响程度分别划分若干等级作为类目。根据项目、类目的划分标准,通过示性函数实现定量转化,可编出项目、类目反映表(见相关图表)。标准地数量按如下公式计算:

$$N \geqslant 2\sum_{j=1}^{m} rj$$

其中 $\sum_{j=1}^{m} rj$ 为类目总数。

均满足精度要求。

通过运用数量化Ⅰ的混合数学模型,借助计算机处理反映表数据,可以得到各类目的得分值及各项目的 T 值和偏相关系数。依次剔除 T 值和偏相关系数贡献小的项目,最终得出对林木优势高贡献较大的项目,即主导因子,结果见表 3-1、表 3-2。

(1)刺槐:从计算结果的各项目 T 值、偏相关系数来看,除树龄和林分起源非立地因子外,影响其生长效果显著的因子由大到小排列为:地形部位、土层厚度、坡度、土壤质地(见表 3-1)。

(2)栓皮栎:由表 3-2 看出,能显著影响栓皮栎生长的立地因子主要为坡度和土壤质地。

(3)侧柏:由表 3-3 可看出,在所有立地因子中,只有土壤厚度影响显著。这一点从另外一个角度可以说明,侧柏的适应性是比较强的。

3　对本地水土保持植物的立地评价与分析论证

3.1　对本地三个主要水土保持树种的分析

为了确定风化砂页岩区主要的造林树种,研究人员对刺槐、栓皮栎、侧柏三个分布较广的水土保持树种,分别按标准地调查的要求,进行了重点调查,并作了计算分析和论证。

3.1.1　刺槐

在砂页岩地区,刺槐有着广泛分布,而且生长良好,可作为这些地区主要造林树种。

3.1.2　栓皮栎

栓皮栎有极强的适应性,据有关资料介绍,它可以在 pH 值 4 ~ 8 的各类土壤上生长。研究人员在调查中发现,它虽然可以在各类地区生存,但不同成土母岩对其生长效果有显著影响,不同母岩上的优势样木生长效果调查和计

表 3-1　砂页岩剥蚀、侵蚀石质山丘亚区刺槐数量化优势木高评价与精度检验

项目	类目		X_1	X_2	X_3	X_4	X_5	X_6	r_1 / 得分范围	t 值	备注
地形部位 X_1	阴坡	X_{11}	1. 722 43	0. 132 03	－1. 027 20	－1. 023 86	－0. 204 26	－0. 562 11	0. 776 56 / 0. 344 29	6. 038 31	
	阳坡	X_{12}	0. 134 68	－0. 845 95	－1. 733 55	－1. 644 92	－0. 998 95	－1. 346 20			
	沟底	X_{13}	4. 507 12	2. 515 55	1. 812 44	1. 614 89	2. 403 68	－1. 998 09			
土厚 X_2	<30 cm	X_{21}		0	0	0	0	0	0. 507 49 / 1. 071 77	2. 888 87	
	30～60 cm	X_{22}		1. 548 30	1. 497 37	1. 269 74	1. 219 07	1. 071 77			
	≥60 cm	X_{23}		1. 661 13	1. 430 01	1. 005 34	1. 162 24	0. 994 57			
树木起源 X_3	实生	X_{31}			0	0	0	0	0. 601 51 / 1. 343 40	3. 688 75	
	次生	X_{32}			1. 179 57	1. 212 08	1. 288 49	1. 343 40			
坡度 X_4	<25°	X_{41}				0	0	0	0. 485 22 / 1. 371 17	2. 718 62	$M=6$
	25°～35°	X_{42}				－0. 460 85	－0. 369 94	－0. 272 76			$N=32$
	≥35°	X_{43}				－1. 407 26	－1. 433 58	－1. 371 17			
质地 X_5	沙壤	X_{51}					0	0	0. 414 85 / 0. 771 87	2. 233 62	
	中壤	X_{52}					－0. 698 48	0. 771 87			
石砾含量 X_6	<30%	X_{61}						0	0. 261 22 / 0. 536 88	1. 325 76	
	≥30%	X_{62}						－0. 536 88			
树龄 X_7		X_{71}	6. 634 935	6. 656 70	7. 525 67	8. 104 42	7. 441 36	7. 997 30	0. 811 97	6. 814 93	
$R_{复}$			0. 816 63	0. 885 31	0. 910 39	0. 930 36	0. 939 42	0. 943 47		$T_{0.05}=2.042$	
$S_{剩}$			0. 321 63	0. 377 96	0. 430 33	0. 480 38	0. 529 15	0. 577 35			
$F_{值}$	$F_{实}$		29. 029 97	33. 831 37	32. 681 88	33. 483 71	31. 301 78	27. 781 92			
	$F_{0.01}$		5. 39	4. 51	4. 02	3. 70	3. 47	3. 30			

表 3-2　砂页岩剥蚀、侵蚀石质山丘亚区栓皮栎数量化优势木高评价与精度检验

项目	类目		X_1	X_2	X_3	X_4	X_5	r_1 得分范围	t 值	备注
坡度 X_1	<25°	X_{11}	-3.198 45	-7.891 39	-8.219 12	-8.953 52	-8.605 42	0.586 76 2.476 54	3.475 10**	$M=6$ $N=30$
	25°~35°	X_{12}	-2.945 13	-8.145 67	-8.536 01	-9.238 41	-8.868 63			
	≥35°	X_{13}	-6.607 88	-10.753 10	-10.629 27	-11.442 82	-11.081 96			
树木起源 X_2	实生	X_{21}		0	0	0	0	0.767 41 0.686 94	5.740 38**	
	次生	X_{22}		3.804 77	3.837 61	3.778 17	3.686 94			
地形部位 X_3	阴坡	X_{31}			0	0	0	0.305 19 1.050 49	1.536 99	
	阳坡	X_{32}			-1.200 28	-1.140 27	-1.050 49			
质地 X_4	沙土	X_{41}				0	0	0.179 87 0.734 85	0.876 95	
	沙壤	X_{42}				0.649 35	0.561 03			
	中壤	X_{43}				0.705 08	0.734 85			
土厚 X_5	<30 cm	X_{51}					0	0.080 51 0.279 49	0.387 37	
	30~60 cm	X_{52}					0.235 98			
	>60 cm	X_{53}					0.279 49			
树龄 X_6		X_{61}	10.671 01	12.850 77	13.346 49	13.552 19	13.219 92	0.870 10	8.466 72**	
$R_{复}$			0.753 70	0.909 77	0.921 59	0.924 78	0.925 24		$T_{0.05}=2.048$	
$S_{剩}$			0.333 33	0.392 23	0.447 21	0.5	0.551 67			
$F_{值}$	$F_{实}$		17.755 45	41.632 54	35.232 90	28.357 34	22.801 40			
	$F_{0.01}$		5.45	4.57	4.07	3.75	3.53			

表 3-3　不同类型区侧柏数量化优势木高评价与精度检验

项目	类目		X_1	X_2	X_3	X_4	X_5	r_1 / 得分范围	t 值	备注
土厚 X_1	<30 cm	X_{11}	0. 568 01	0. 505 09	0. 418 46	-0. 522 80	-0. 540 97	0. 532 57 / 2. 312 9	3. 118 32**	$M=6$ $N=28$
	30～60 cm	X_{12}	2. 777 83	1. 560 19	1. 910 53	1. 759 06	1. 771 93			
	≥60 cm	X_{13}	2. 676 83	1. 242 52	1. 603 28	1. 468 17	1. 453 81			
岩性 X_2	砂页岩	X_{21}		0. 321 46	0	0	0	0. 281 01 / 1. 175 44	1. 341 82	
	石灰岩	X_{22}		1. 436 81	0. 063 4	0. 081 44	0. 045 26			
	黄土	X_{23}			1. 197 22	1. 200 01	1. 175 44			
石砾含量 X_3	<30%	X_{31}			0	0	0	0. 188 64 / 0. 549 36	0. 880 29	
	≥30%	X_{32}			0. 544 62	0. 533 32	0. 549 36			
坡度 X_4	<25°	X_{41}				0	0	0. 041 89 / 0. 251 38	0. 192 17	
	25°～35°	X_{42}				0. 060 80	0. 063 12			
	≥35°	X_{43}				-0. 165 79	-0. 188 29			
坡向 X_5	阴	X_{51}					0	0. 031 46 / 0. 074 98	0. 144 24	
	阳	X_{52}					0. 074 98			
树龄 X_6		X_{61}	2. 592 74	3. 368 01	3. 103 81	3. 175 09	3. 150 56	0. 480 34	2. 509 68**	
$R_{复}$			0. 747 42	0. 778 78	0. 785 88	0. 786 24	0. 786 44			
$S_{剩}$			0. 346 41	0. 408 24	0. 466 25	0. 522 23	0. 577 35		$T_{0.05}=2.056$	
$F_{值}$	$F_{实}$		15. 821 4	12. 330 77	9. 287 46	7. 123 94	5. 674 26			
	$F_{0.01}$		5. 53	4. 64	4. 14	3. 82	3. 59			

算分析结果见表3-4。

表3-4　不同母岩上的栓皮栎样本优势高调查

母岩	X_i 样本高(30年生)	X_i 样本高(10～15年生)
砂页岩	15.0　17.0　16.5　8.9 17.0　15.0　15.5　14.5 10.25　15.0　15.0　14.5	8.0　8.5　9.0　8.0　7.5 8.5　9.5　9.0　8.5　7.0 8.0　8.0　8.5　8.0
石灰岩	13.0　11.5　12.5　9.0 15.0　10.0　8.5　10.0 10.5　9.0	8.5　5.0　5.5　6.0　5.5 5.0　6.0　6.0　6.0　7.0

由以上计算分析可以看出，栓皮栎在砂页岩地区生长明显优于石灰岩地区，其主要原因是：本区的石灰岩地质年代仍处于幼年，且多数呈卧岩状态（群众称“卧山”），节理发育差，极难风化，缝隙小，根系极难扎入；而砂页岩解理明显，岩面倾斜，且较易风化，有利于根系伸展。

3.1.3　侧柏

通过调查，研究人员发现侧柏适应性强，极耐干旱瘠薄，即使在石缝中也可生长，在本区浅山区各个立地类型均可造林；侧柏属浅根性，侧根、须根发达，是水土保持的优良树种，因此应在该区严重水土流失区推广栽培。

前面的计算分析已经表明，尽管侧柏适应性广，但其生长效果受土层厚度影响显著；在中、厚层土壤上生长的25年生侧柏，优势木平均高度达6.58 m；在薄层土壤上和砂岩板地上其优势木平均高为4.0 m。

对各年龄组进行差异性检验。

30年生：

$$t = \frac{\overline{X_1} - \overline{X_2}}{\sqrt{\frac{n_1 s_1^2 + n_2 s_2^2}{n_1 + n_2 - 2}\left(\frac{1}{n_1} + \frac{1}{n_2}\right)}} = \frac{14.51 - 10.9}{\sqrt{\frac{12 \times 5.66 + 10 \times 3.89}{20}\left(\frac{1}{12} + \frac{1}{10}\right)}}$$

$$= 3.648\,3 > t_{0.05} = 2.086$$

差异显著。

10～15年生：

$$t = \frac{8.285\,7 - 6.05}{\sqrt{\frac{14 \times 9.382\,7 + 10 \times 0.972\,5}{22}\left(\frac{1}{14} + \frac{1}{10}\right)}}$$

$= 6.522 > t_{0.05} = 2.74$

差异显著。

3.2 砂页岩区其他主要水土保持植物在不同立地条件下的适生分析

3.2.1 不同树种在不同立地条件下的适生情况

为了直观比较不同树种的适生情况,研究人员把主要立地条件的树种生长指标列于表3-5。

表3-5 主要立地条件的树种生长反映

立地条件	树种	树龄	调查株数	树高(m)			生长势
				平均单株生长量	平均生长量	%	
砂页岩阴坡薄层土	臭椿	14	9	19.4	0.71	100	良
	侧柏	25	8	4.4	0.16	22.4	中
	刺槐	10	12	4.61	0.46	64.5	差
	栓皮栎	20	15	5	0.25	35	中
砂页岩阳坡中厚层土	臭椿	15	8	9.5	0.63	100	良
	侧柏	10	16	7.3	0.73	116	良
	刺槐	25	10	6.95	0.28	44.1	优
	栓皮栎	30	5	15.0	0.5	79.1	优
砂页岩阴坡薄层土	臭椿	14	2	14.0	1.0	100	优
	栓皮栎	30	10	9.58	0.32	32	中
	刺槐	10	5	7.0	0.7	70	中
	五角枫	15	6	6.0	0.4	40	中
	侧柏	25	4	5.0	0.2	20	中
	黄楝	15	3	6.0	0.4	40	中
砂页岩沟底型	毛白杨	25	5	20.3	0.81	100	优
	小叶杨	15	4	15.5	1.03	128	优
	臭椿	13	3	8.67	0.57	82	良
	柳树	15	4	15.0	1.0	123	优
	黄连木	30	2	6.5	0.22	27	中
	刺槐	10	10	8.25	0.85	105	优
	栓皮栎	30	15	16.5	0.55	68	优

3.2.2　关于几个重要经济树种的分析

进入20世纪80年代后，随着社会主义市场经济的发展，河南省水土保持工作已逐步走上"以蓄水保土为基础，经济效益为中心"的开发治理的轨道。在水土流失区因地制宜建设经济林基地，发展再生资源，是实现山区生态经济良性循环的一项有效措施。遵照这一指导思想，本研究主要对以下水土保持经济植物作了详尽的调查、观测和研究。

3.2.2.1　山楂

山楂的适应性较强，耐干旱瘠薄。据调查，土层在30 cm以上即可正常生长。1990年后，位于砂页岩剥蚀侵蚀区边缘的济源市承留乡，利用坡地大力发展山楂，至2000年已拥有90余万株，山楂表现出旺盛的生命力，承留乡成为河南省最大的山楂林基地，取得了明显的经济、生态效益和社会效益。山楂适宜在风化砂页岩区山坡瘠地及地边埂推广发展。

3.2.2.2　济源黄甘李

黄甘李又名樱桃李、玉皇李。具有个大、质优、结果早、产量高、收益大的特点，从20世纪70年代开始一直出口香港市场，久享盛誉，为济源特产。而且其适应性强，耐干旱瘠薄；济源山区年均降水量696 mm，一般可以满足其生长发育所需的水分；而且山区生长的黄甘李较平原区的树冠小而紧凑，枝叶粗壮，花芽饱满，结实早，产量高，果实含糖量也高达1%～6%，在风化砂页岩区土壤瘠薄的山地、沙滩、闲散地均可栽培，有着广阔的发展前景。

3.2.2.3　苹果、核桃

苹果和核桃均适于在黄土质褐性土上栽培，值得一提的是，地处砂页岩山区的苹果、核桃园由于昼夜温差大，果实营养丰富、口感好，已成为地方特产，畅销我国南方地区，取得了显著的生态、经济效益。

3.2.2.4　石榴

石榴是一种抗旱能力较强的经济树种，具有病虫害少、管理方便、见效快、收益大的特点。位于风化砂页岩区的朱庄石榴在1996年已通过无公害食品检测，打响了品牌，产品远销上海等南方城市，获得了较大的经济效益，可在小浪底库区风景区大力发展。

3.2.2.5　山茱萸

山茱萸是一种重要的药用经济树种，见效快、收益高。20世纪90年代，研究人员在试验区小流域治理中大面积推广成功。适于立地条件较好的各类土壤，应在全省同类型区进一步广泛种植发展。

3.2.2.6 花椒

花椒是风化砂页岩区乡土树种之一。调查表明,它具有生长快、结果早、收益大、栽培简便、适应性强、根系发达的特点,是水土保持的优良树种。适宜作为地埂植物、山地果园植物篱或小流域边界防护篱笆。

3.2.2.7 柿树

地埂和立地条件较好的荒坡均可发展。

3.2.2.8 黄连木

黄连木是漆树科一种有较高栽培价值的树种。果实含油率30%左右,是制肥皂和机械润滑油的重要原料,也可榨取食用油,其外果皮和新鲜叶可提取芳香油,嫩叶可腌酸菜,也可制茶。济源市仅有自然分布,无人工栽培。其适应性广,在干旱瘠薄的阳坡、半阳坡均可生长,萌芽力强,根系发达,可以作为砂页岩亚区水土保持先锋树种发展人工栽培。

3.2.3 野生灌木在砂页岩区水土保持林体系中的地位的确立与评价

通过调查,研究人员发现试验治理区的浅山丘陵区野生灌木种类较为丰富,主要有酸枣、黄荆、鼠李、黄栌、棠梨、盐肤木、冬凌草、暴榆、胡颓子、山杏、山桃、黄刺玫、杠柳、山皂荚、连翘、胡枝子、枸杞等17种,适应性很强,然而它们历来被认为是"荆棘之材"而为人们所忽视。通过研究布设的生物措施小区试验表明,在土层浅薄、岩石裸露、地形破碎的砂页岩水土流失区,植物措施选择面极窄,以乔木为主往往难以奏效;应把灌木摆在重要位置,采取灌草先行的措施是加速风化砂页岩区水土流失治理的有效途径。研究人员从经济利用、保水保土效能和生态适应性诸方面综合考虑,通过分析筛选,确定以下几种野生灌木在风化砂页岩区生长占优势,可作为风化砂页岩剥蚀侵蚀区治砂、治沟、治坡的先锋水土保持植物。

3.2.3.1 酸枣(*ziziphus jujuba*)

济源市酸枣资源的开发利用工作开展较早,至20世纪90年代进入高潮。济源市果品酿造厂开发出的酸枣系列饲料,荣获省优、部优称誉。至1998年年加工量达15万kg,年增收30余万元,效益十分可观。由于自然资源分布零散,产量和利用率均较低,因此应发展人工栽培。

据调查,在干旱瘠薄、土层小于10 cm的山坡,5年生酸枣可高达2~5 m,地径3.0~6.0 cm,冠幅2.5 m×2.5 m,生长良好;即使在基岩裸露的砂岩板地也可正常生长,地下根扩展范围可达10 m,串根力、穿透力均强,当地群众誉为"串地龙"。其固土、固沙能力强,据观测,覆盖度为50%的酸枣林,平均每年可减少土壤侵蚀量87.75 t/hm^2。同时,其经济价值很高,果实含糖、蛋白质、氨基酸及大量维生素,其中V_C含量最高,为猕猴桃的1.5倍,苹果的70~100倍;酸枣仁可入药,作强镇静剂,是传统的出口商品,外壳可制活性炭;酸枣花期长,富含蜜汁,是良好的蜜源植物;酸枣是大枣的最适砧木,可利用它发展大枣基地。因此,在大面积风化砂页岩地区的地形破碎、立地条件恶劣的沟坡地发展酸枣,不仅可有效固沙、封固支毛沟,控制水土流失,同时还可获得较高的经济效益。

3.2.3.2　冬凌草(*Rabdosi rubescens*)

冬凌草是济源市挖掘开发的一种防癌抗癌植物,是本研究针对砂页岩区治理技术生物措施布设试验的主要研究树种之一,为中药材的后起之秀,有较高的经济、药用价值。《中国土特产大全》将其列为济源一大特产。它属于唇形科亚灌木,介于灌木与草本植物之间,根状茎水质,地上部分木质化,是风化砂页岩区很有发展前景的重要药用保土植物。

调查及研究表明,风化砂页岩地区的山坡、谷地、林缘、石缝均有冬凌草生长;其耐旱力很强,在干旱瘠薄的阳坡,旱季土壤含水率降到3.9%~4.6%时,与其伴生的耐旱灌丛黄荆出现萎蔫,而其依然生长正常,冬凌草根系特别发达,集聚在0~30 cm土层中,水平根相互盘根错节,密如蛛网,可有效地网络土壤;发叶较早,可早期形成郁闭,且灌丛繁茂,是优良的水土保持植物。据虎岭观测站试验对比小区定点观测研究,一年生冬凌草小区较对比小区减少径流量36.1%,土壤流失量减少48.5%;较一年生金银花观测小区径流量削减18.3%,土壤流失减少26.8%。

1994~1998年间,济源市水土保持科学研究所立足当地资源优势,率先组织技术力量对冬凌草进行了全面深入研究,探讨总结出冬凌草从播种、扦插、分根繁育到栽培管理的成套技术,使冬凌草种子出苗率由野生传播的不足1%提高到87.2%;扦插生根率达到90.5%。开展了冬凌草生态经济基地建设,取得了明显的水土保持效益和经济效益。

为变资源优势为商品经济优势,济源市水土保持科学研究所还研制开发了以冬凌草为主要原料的新型保健茶——中国冰凌茶,该茶的制备工艺和配方获得了国家发明专利,产品荣获"首届中华百绝博览会金奖",并远销国内外,受到了广大消费者的青睐。使冬凌草的开发利用工作步入了良性轨道。上述工作的开展,对促进风化砂页岩地区的水土保持治理,起到了积极的推动作用。

3.2.3.3 黄荆(*vilex negundo* L. vaf. heleiophylla Reha)

黄荆在济源山区的适生范围较广,属马鞭草科植物,其枝叶繁茂、根系发达、萌蘖力强,具有较高的水土保持效能。不仅是很好的蜜源植物,而且也是一种很好的纺织材料。

调查研究表明,黄荆较耐干旱瘠薄,根系主要分布在0~30 cm的土层中,其在土薄石多的干瘠阳坡和水分条件较好的阴坡、沟道,长势表现出明显的差异;阳坡自然生长的黄荆覆盖度为25%~40%,阴坡、沟道可高达60%~90%;阴坡平均丛高0.5 m左右,冠幅为(0.5~0.6)m×(0.7~0.8)m,阴坡和沟道,其高度达1.5 m左右,冠幅可达(0.8~1.0)m×1.2 m,生长茂盛。说明黄荆适宜在风化砂页岩地区生长。

3.2.3.4 黄栌(*Caliaus Coggygria* Scop. Vai. Cinerea. Eagl)

1994~1998年间,济源市水土保持科学研究所在风化砂页岩区组织开展了黄栌野生资源的开发利用工作,并取得了一定的成效。黄栌叶内单宁酸含量丰富,利用价值很高;树皮、叶可提取栲胶;木材可提取黄色染料;枝叶入药有消炎之效,北京香山的"红叶"即此,还有一定的观赏价值。

黄栌在济源山区呈灌木状态,适生能力很强。土壤浅薄的干旱阳坡自然覆盖率达50%,一般高度1~1.5 m,冠幅2 m×2 m。黄栌可作为水土保持树种在砂页岩立地条件较差地类和小浪底库区旅游景点大力发展人工栽培。

3.2.3.5 黄刺玫(*Rosa Xanlhina*)

黄刺玫为蔷薇科灌木。调查发现,其根系强大,主要分布在0~40 cm土层上,耐干旱瘠薄,在砂页岩地生长良好,高达1.6 m,地径达3.5 cm,树冠开放,冠丛可达2 m×2.5 m,自然状态下一般覆盖度可达30%~50%,是很好的水土保持灌木。

黄刺玫的果实含维生素C、P;每百克果含V_C 730 mg,成熟时含量可达1 010 mg,与沙棘果含量相当;果实还可酿酒、食用、制饮料;茎皮纤维可作造纸及纤维板的原料;其花芳香而艳丽,可作观赏花木,在风化砂页岩区这一资源有待开发。

3.2.3.6 盐肤木(*Rhus Chisensis* Mill)

盐肤木是漆树科的一种重要的经济林灌木,是具有很高生产价值的五倍子寄主植物,属阳性喜湿耐旱树种,适应性强,对立地条件要求不严,在济源山区干旱瘠薄的多砾质阳坡、阴湿的谷地均能正常生长,生性粗放,具有生长迅速、萌发力强,发叶早、落叶晚的特点,可作为砂页岩荒山治理的先锋树种。

3.2.3.7　连翘(*Foisythia Saspensa*)

连翘属木犀科,是一种优良的水土保持经济灌木。试验表明,其生根性强,根系发达,枝条有着地生根的特性,可固坡治沟,防治水土流失。连翘又是常用中药,出口物资之一,果壳、根茎、叶均可入药,种子油是绝缘油漆工业的良好原料,也是化学工业中高级香料的原料。济源市浅山区仅有零星生长,处于野生状态,表现出旺盛的生命力;高海拔地带成为灌木林的主要树种。应对其人工栽培技术做进一步的研究,以便推广。

3.2.4　砂页岩区引进试验、推广的水土保持树种和牧草

3.2.4.1　水土保持树种

1)沙棘(*Hippophae Rhamnoides* L)

1986年开始在风化砂页岩浅山区引种栽培,是一种优良的水土保持经济灌木。经在风化砂页岩区进行分类试验,表现出了较强的适应性和旺盛的生命力,应在水土保持小流域治理中大力发展,特别是在基岩裸露的风化砂页岩区的治理中可作为先锋树种大力发展。

2)火炬树(*Rhas Typhina* L)

火炬树为我国华北、西北地区重要的水土保持树种。经济源市水土保持科学研究所在风化砂页岩区引种试验表明,在干旱瘠薄的浅山丘陵区,造林成活率高达95%以上;其串根力强,造林当年就可以从伸展的侧根上萌生3~5株小苗,以后每年萌生10~20株小苗,生长优于侧柏、刺槐,表现出惊人的抗旱力和保水保土能力。

3.2.4.2　水土保持牧草

沙打旺和小冠花是1983年由济源市水土保持科学研究所引种的生长表现较好的两种牧草。据调查,即使在土厚不足10 cm的砂页岩地区,沙打旺也能良好的生长,植物可高达1.5 m,产鲜草量1 000 kg/亩;小冠花在沙荒地上生长旺盛,产草量高达1 500~2 000 kg/亩。

紫花苜蓿为风化砂页岩地区乡土草种,生长在田间、地坎,根系特别发达,防塌固沟作用突出,产草量高达1 000~2 000 kg/亩,其营养成分丰富,各种食畜均可饲喂,是优质牧草。但是,由于人们对牧草种植的必要性认识水平偏低,加上措施不配套等原因,形成了牧草发展一直徘徊不前的局面。研究后认为,发展牧草,不但要首先搞好试点、示范,而且要研究配套发展措施,将牧草种植与养殖结合起来,使群众从种植牧草中获得实惠,调动他们的积极性。通过小流域治理,建立起乔、灌、草结构合理的防护林体系。

4　立地分类成果及其在生物措施配置中的应用

以上对影响风化砂页岩地区的主要水土保持树种的主导因子进行了筛选，并对土壤水分、养分相关的立地因子进行了分析。同时分析评价了适宜风化砂页岩地区的主要（乡土及引进）水土保持植物，从而为科学划分立地类型、因地制宜地提出水土保持生物措施的配套技术及其应用奠定了基础。

4.1　立地类型的划分标准、命名方法及成果分类

综上所述，地形部位显著地影响土壤水分的多寡和土壤养分的水平变化。因此，地形部位直观表达了立地条件的优劣。

砂页岩侵蚀、剥蚀区地形变化较大，立地类型复杂。从主要树种的立地评价结果看，表现显著的因子主要有地形部位、土厚、坡度。考虑到坡度作为一项影响水土流失的主要因子，而且在水土保持治理中往往按不同的坡级采取不同的整地工程措施，在分类中应把坡度摆在重要位置。因此，研究人员把地形部位（含坡向）、土厚、坡度作为风化砂页岩区分类的主导因子。

各因子的划分等级主要依据林木生长立地因子评价结果，按各因子的得分范围取定。

土层厚度：根据调查，在风化砂页岩区土厚 >30 cm 林木即可正常生长，所以可将土层厚度分为两级：≤30 cm 为薄土，>30 cm 为中厚土。

地形部位分阴坡、阳坡、沟底三级。

坡度：风化砂页岩区自然荒坡多大于25°，而且25°～35°坡面整地工程比较一致；同时从易于实施、经营的角度出发，可将坡度分为两级：≤35°为缓陡坡，>35°为急坡。立地类型命名方法为：地形部位级＋坡度级＋土层厚度级。

据此，研究得出风化砂页岩区水土保持生物措施立地分类成果见表3-6、表3-7。

4.2　立地分类成果在试验区生物措施配置中的应用

通过对砂页岩区立地条件的调查研究和试点应用，基本上摸清了该区立地分异规律和立地质量，找出了立地主导因子及水土保持造林的主要障碍因子；并在科学分类的基础上，提出了相关配套技术，为水土保持综合治理提供了科学依据。研究按调查—分析总结—试点的程序，在成果应用方面进行了探讨，并取得明显效益：1998～2001年试点（典型）小流域水土保持造林成活

表 3-6　砂页岩区水土保持植物措施立地分类成果

立地类型亚区	立地类型组	立地类型	立地特征	适生水土保持植物	备注
砂页岩剥蚀侵蚀石质山丘亚区 0102 0806*	阴坡组	阴向缓陡坡中厚土型	砂页岩类母岩，阴坡中下部，坡度＜35°，土厚＞30 cm，自然植被以栎类、黄连木、荆条、酸枣、黄刺玫、黄栌、胡枝子、羊胡子草、蒿类、黄背草为主，总盖度在70%以上	刺槐、栓皮栎、花椒、山楂、山茱萸、沙棘	论证的三个牧草的适生范围极广，各个立地类型均可发展，水土保持植物种类一栏中不再分列
		阴向缓陡坡薄层土型	砂页岩类母岩，阴坡上部，坡度＜35°，土厚≤30 cm，自然植被以栎类、化香、荆条、黄栌、棠梨、羊胡子草、蒿类为主，总盖度40%～80%	栓皮栎、侧柏、刺槐、酸枣、黄栌、棠梨、沙棘	
		阴向急坡中层土型	砂页岩类母岩、阴坡中上部，坡度≥35°，土厚＞30 cm，自然植被有栎类、黄荆、羊胡子草、蒿类、菊类、地柏，总盖度80%左右	刺槐、沙棘、栓皮栎、侧柏、臭椿、黄荆	
		阴向急坡薄层土型	砂页岩类母岩，阴坡中上部，坡度≥35°，土厚≤30 cm，自然植被有栎类、化香、黄荆、羊胡子草、蒿类、地柏等，总盖度40%～80%	刺槐、沙棘、栓皮栎、侧柏	
砂页岩剥蚀侵蚀石质山丘亚区	阳坡组	砂页岩阳向缓陡坡中厚土型	砂页岩类母岩，阳坡中下部坡度＜35°，土厚＞30 cm，自然植被以栎类、酸枣、荆条、黄刺玫、棠梨、白草、蒿类为主，总盖度40%～80%	玉皇李、山楂、花椒、刺槐、栓皮栎	
		砂页岩阳向缓陡坡薄层土型	砂页岩类母岩，阳坡中下部，坡度＜35°，土厚≤30 cm，自然植被以酸枣、荆条、棠梨、鼠李、白草、蒿类为主，总盖度30%～50%	栓皮栎、侧柏、酸枣、黄荆、棠梨、黄栌、黄刺玫、连翘	

续表 3-6

立地类型亚区	立地类型组	立地类型	立地特征	适生水土保持植物	备注
砂页岩剥蚀侵蚀石质山丘亚区	阳坡组	砂页岩阳向急坡中层土型	砂页岩类母岩,阳坡上部,坡度 > 35°,土厚 > 30 cm,自然植被以酸枣、荆条、鼠李、白李为主,总盖度 50% 左右	刺槐、栓皮栎、臭椿、黄荆、黄栌、沙棘	
		砂页岩阳向急坡薄层土型	砂页岩类母岩,阳坡上部,坡度 > 35°,土厚 ≤30 cm,自然植被以侧柏、荆条、鼠李、白草为主,总盖度 <30%	侧柏、酸枣、棠梨、黄栌、黄刺玫	
		砂页岩沟底型	砂页岩类母岩,V 形沟底,土厚 >60 cm,砾石含量较高,自然植被以酸枣、荆条、白草等为主,总盖度 40% ~80%	刺槐、栓皮栎、毛白杨、小叶杨、臭椿、沙棘、黄荆、酸枣	
		砂页岩基岩裸露风化型	砂页岩类母岩,风化强烈,侵蚀严重,风化物疏松,坡度较陡,自然植被以侧柏、酸枣、盐肤木、白草等为主,总盖度 <20%	酸枣、棠梨、盐肤木。试验:沙棘、火炬树	

注:* 可选用的整地工程编号,不同立地类型的整地工程可根据"水土保持造林整地工程一览表"选择。

率达90%以上,使立地分类成果在实践中得到了进一步验证,为全面推广奠定了基础。

表3-7　水土保持造林整地工程

编号	整地工程	技术规格要点	备注
01	水平沟整地	适用于25°~35°的厚土层坡地。根据地形分片划段,沿等高线自上而下开沟。呈“品”字形配置,上口宽0.5~0.8 m,底宽0.3~0.5 m。长4~6 m,深0.3~0.5 m。两沟间隔上下2 m,左右1 m	沟内造林
02	水平阶整地	适于缓坡薄土层坡地。沿等高线自上而下里切外垫,修成1 m左右宽的侧形小台阶,阶长3~5 m,上下间距2 m,左右1 m	台阶中间植树种草
03	反坡梯田整地	适于土层深厚,坡面整齐,35°以下的坡面,田面宽1~2 m,长5~6 m,中间留出0.5 m宽的土埂,田面反坡3°~8°,上下间距2~4 m	用于栽培水土保持经济林
04	鱼鳞坑整地	适用于土薄,地形破碎的陡坡、急坡。“品”字形排列,挖坑时先将表土置于两侧,用心土在下方圈成弧形土埂,大鱼鳞坑长径0.8~1.5 m,短径0.6~1 m,小鱼鳞坑长径0.7 m,短径0.5 m	
05	竹节壕	水平间距,缓坡20 m,陡坡10 m,每隔5~10 m设一横挡土,土高为沟深的1/3,沟深0.5~1 m,沟底宽0.4~0.8 m,沟口宽0.8~1.2 m,土埂高0.4~0.7 m,埂顶宽0.3~0.5 m,埂底宽1.2~1.5 m	与水平阶、鱼鳞坑等配合布设
06	小型淤地坝	适于砂页岩亚区岩石裸露,风化较强,流失严重,坡度较陡的支毛沟	淤平后营造沟底防冲林

从立地分类成果看,风化砂页岩区可划分为10个立地类型,其中2个为特殊立地类型。立地分类成果还描述了各类型的土壤、植被、地形地貌、水土流失特征,提出了各类型适生乔灌、经济林木种类和水土保持牧草以及与立地类型、植物生长有关的相应的水土保持坡面工程,为将立地分类成果直接应用于水土保持治理提供了可靠依据。

4.2.1　应用立地分类成果编绘小流域立地图以及进行水土保持规划、区划

小流域立地图的编绘是目前国内立地分类研究中的一项新内容,它的使用可直观地反映小流域的立地特征、立地质量,便于治理规划和实施。但一般

地单独进行编绘工作比较复杂,工作量也大,需要一系列的踏查、路线调查、标准地调查,资料的整理、汇总,以及对众多立地因子进行科学分析,找出立地分异规律;这项工作应具备地质、土壤、植物、生态等各种专业知识和综合技术,要耗费较长的时间、较多的人力和物力,在对立地类型作出科学划分的基础上再行编绘;立地类型研究将各立地因子进行科学的综合,在此基础上编绘立地分类图,不仅节省大量的调查、分析论证程序,而且结论的科学性较高。如能确定出小流域所涉及的立地类型,查阅立地分类成果表即可基本掌握基本立地特征,然后进行路线调查,草绘出植被、土壤、地形的变化规律,根据立地类型研究成果,对立地类型进行综合后即可清绘立地图,各类型要求能够在1:1万的地形图上显示。

立地分类成果在水土保持规划、区划中的应用,不仅可减免大量的勘测、分析、设计工作量,而且对于各类型的立地特征、立地质量、宜林性质等的描述,是规划、区划的重要参考、决策依据。

4.2.2 按照分类成果设计砂页岩区乔、灌、草立体结构模式

立地类型研究成果划分的10个立地类型在土壤、植被、水土流失特点及治理方向等方面都有明显差别。为了缩短成果与应用之间的距离,使成果简单明了,更便于规划治理,研究人员根据"立地分类成果表"中的资料,进一步对砂页岩剥蚀侵蚀区作了乔灌草立体结构模式设计。即

上坡+中下坡+沟底=灌草+乔草+乔(经济林)

风化砂页岩区水土流失面积较大、侵蚀强烈,尤以上坡沙化严重,环境恶劣,因此上坡应以灌草先行为原则,可选用酸枣、沙棘、棠梨、沙打旺、白草等;中下坡立地条件稍好于上部,可进行乔草结合,乔木可采取栎槐(刺槐)或柏(侧柏)槐混交方式营造;沟底不适于农耕的土地,可适当发展经济林。

4.2.3 运用立地分类成果解决水土保持造林中的实际问题

适地适树(灌草)和工程整地技术是水土保持造林中最基本、最重要的工作,在水土保持治理实施前,必须对此作出科学论证。立地类型研究解决了这一重要的环节问题,如果要解决更具体的水土保持造林难题或查找水土保持造林失败的原因,可查阅"砂页岩区立地分类成果表"以及"水土保持造林整地工程一览表",并进行综合分析,不能机械照搬。

(1)从水土保持角度来看,过去偏重营造乔木林,而很少营造灌木林,更少注意到草被。实际上在很差的立地条件下,一味营造乔木林,效果并不好。过去强调"适地适树"的结果,实际上只是"适地适乔",在干旱瘠薄的条件下,只不过是强调挖大坑、栽大苗,几乎千篇一律地营造乔木纯林。结果,本为大

乔木的树种，长成“小老树”，如 12 年生刺槐在干旱的阳坡和山脊，土层厚度小于 15 cm 的多砾质砂石土上，平均高只有 5.5 m，胸径 6.0 cm，这不仅影响了水土保持作用，更谈不上有高的生产力，显然不符合水土保持林要求。可见，在干旱瘠薄的坡地，应将灌木摆在重要的位置，这样能更有效地发挥土地的生产潜力，更有效地保持水土。砂页岩剥蚀、侵蚀区的立地条件较差，风化强烈，土层浅薄，树种选择面极窄，水土保持造林难度较大，流失非常严重。这类地区应选用哪些水土保持树种？采取哪些措施？通过查阅“砂页岩区水土保持生物措施立地分类成果表”和“水土保持造林整地工程一览表”，研究人员发现：①酸枣、冬凌草、黄栌、盐肤木、棠梨、黄荆等能够作为这类地区的先锋水土保持经济灌木；②在加强坡面整地工程的同时，对岩石裸露风化、流失严重、坡度较陡的支毛沟，建立小型淤地坝，待淤平后，营造沟底防冲林；③实施林草结合，造林初期在水平沟、水平阶上种植牧草，早期形成立体结构。这些措施如能应用，使生态治理、资源建设及开发利用协调发展，定会在风化砂页岩区产生显著的生态、经济效益。又如，从沙棘引种栽培的效果看，采用常规造林方法成活率达到 75% 以上，生长繁茂，表现出较强的适应性；但在干旱土薄的山坡直接造林成活率偏低，经研究后，研究人员分析认为，这类地方应加大坡面工程。

（2）立地分类成果客观地反映了立地质量的优劣，应用该成果，便于科学地总结工程整地技术经验，因地制宜地实施整地工程。如：在砂页岩亚区的中厚土型可采用水平沟整地，缓坡的薄土类型可采用水平阶整地。

（3）为试验区内济源市生态工程建设和沿黄少年世纪林建设提供了重要的科学依据与实施技术。

生态工程建设和沿黄少年世纪林建设是 20 世纪 90 年代国家在济源安排的重点项目。两个项目均涉及济源的砂页岩地区。砂页岩区立地分类成果的完成为该项建设决策、规划、实施提供了科学的依据和实施技术。运用该项成果保证了济源在 1994 ~ 1995 年连续两年大旱的情况下，水土保持造林成活率均达到 87% 以上。

4.2.4　成果适于推广应用的范围

为了扩大立地分类研究成果的应用范围，研究人员对小浪底库区有砂页岩分布的几个县（市）的自然条件进行了调查分析，认为砂页岩区这一复杂的地质、地形、地貌在这一地区有典型的代表性。因此，立地分类研究成果适于在小浪底库区整个砂页岩区三个县（市）的 645 km^2 内推广应用，为该类地区的水土保持林体系建设提供了科学依据。

第四篇 风化砂页岩区典型小流域综合治理试验模式

砖阳河小流域位于小浪底水库大坝上游的13.5 km处，属典型的风化砂页岩区。综合治理模式的研究工作是在积累和总结虎岭河流域及罗卜沟流域的综合治理技术的基础上进行的。本着为同类型区小流域的综合治理工作提供科学依据，为小浪底库区上游风化砂页岩地区小流域的综合治理树立样板的目的，试验研究之始，研究人员相继开展了有关试验和措施布设等工作，以探求风化砂页岩地区控制水土流失，减少入库泥沙，改善生态环境，发展农林经济的小流域综合治理模式。

1 综合治理发展方向的确立

调查表明，造成流域内水土流失和经济发展缓慢的根本原因是土地利用的不合理和落后单一的生产经营方式。治理前流域内一直以农为主，片面追求粮食产量，盲目扩大耕地面积，治理前流域内农耕地总面积为1 505.6 hm^2，占流域总面积的53.5%，其中坡耕地面积占总耕地面积的97.5%。掠夺式经营使土地资源“越垦越穷，越穷越垦”。因此，在试验治理中，明确小流域农林牧综合发展方向，把以农为主的单一结构调整为农、林、牧综合协调发展的优化结构，是根治砖阳河小流域的前提。为此，确立了“以林果为主，农林促牧，防止流失，综合开发，提高效益，脱贫致富”的综合治理发展方向，全面调整农、林、牧用地比例。

2 调整农林牧结构

随着课题研究的不断深入和治理工作的发展，研究人员把土地优化思想贯彻到土地调整中。治理前，砖阳河小流域有农耕地面积1 505.6 hm^2，林地437.13 hm^2，果园145.12 hm^2，荒地350.2 hm^2。其他用地和难利用地分别为251.89 hm^2和127.51 hm^2。农、林、果、荒地用地比例为1:0.29:0.10:0.23。研究人员本着土尽其用、地尽其力，合理利用土地资源的原则，因地制宜地确定各土地类型的发展方向，以建立最优化的生产结构为目的，使流域内土地利用结构得到了调整。到治理期末，农、林、果三业用地及荒地面积调整为：基本农田1 060 hm^2，林业622.04 hm^2，果业434.4 hm^2，封育135.87 hm^2，荒地面积减少为185.29 hm^2。农、林、果业用地和荒地比例调整为1:0.59:0.41:0.17。

砖阳河小流域在土地利用结构调整中，一是大力进行坡耕地改造和沟坝地建设，增加了高标准的基本农田；二是改造坡地，退耕植果。建立以石榴、红果为主的经济林基地。建设高标准基本农田，是满足人均口粮、保证粮食自给的必要措施；改造坡地是根治水土流失的关键，退耕植果是繁荣山区经济、脱贫致富的保证。土地利用结构的调整，为流域土地资源的高产、优质和高效创造了有利条件。

3 水土保持综合措施的配置方法

水土保持措施的配置，坚持工程、生物、农技措施相结合，治沟、治坡、治地相结合，治理干沟、支沟、毛沟相结合，单项措施和整体布局相结合，治理与开发相结合的五结合原则，在注重群体防护效益的基础上，进行水土保持措施布局。

3.1 工程措施配置

梯田工程：在坡脚和冲积扇地带，建立高标准梯田，通过改变地形，起到蓄水保土、改良土壤的作用。并进行水利设施配套，提高和改进耕作管理技术，变“三跑田”为“三保田”。

沟道工程：建立以拦蓄为主的沟道工程，对常流水的沟道，发展塘坝；支毛沟道内，修建谷坊群；季节性沟道修建淤地坝。这样层层设防，节节拦蓄，有效地防治了沟道侵蚀。沟道工程设计标准按20年一遇。

坡面工程：坡面工程是以增加地表粗糙度为手段，以提高地面的抗冲蚀能力为目的，将坡面径流就地拦蓄，改善水、肥、气、热条件。治理区内，坡面工程结合林草措施布设，沿等高线修建水平条田、反坡条田、鱼鳞坑等。坡面工程按10年一遇标准设计。

3.2 生物措施配置

25°以上至分水岭及较平的山顶，种植以刺槐为主的水土保持防护林；立地条件较差的地带，采取刺槐、侧柏株间混交的配置方式，株行距统一为1.2

m×1.5 m,造林密度 5 558 株/hm^2。

缓坡地带,立地条件较好的,营造以石榴、红果为主的经济林;石榴的造林密度为 1 666 株/hm^2,株行距 2.0 m×3.0 m;红果的造林密度 1 330 株/hm^2,株行距 2.5 m×3.0 m。

沟道两边栽植以杨树为主的沟道防护林。

3.3 农林技术措施

采用“六水一巧”栽培法,小孔出流、滴灌等节水技术措施,促进稳产增产。

4 综合治理模式的形成

4.1 四道防线

在治理期间,根据流域的地形地势、自然条件以及风化砂页岩的特性,针对水土流失的形成和行进过程,合理配置治理措施,建立了四道防线:

第一道:山顶以刺槐、侧柏为主的水土保持林防线。

第二道:山腰以红果、石榴为主的经济林防线。

第三道:坡脚、沟底以梯田、坝地为主的基本农田防线。

第四道:以塘堰坝、淤地坝、谷坊为代表的沟道工程防线。

四道防线起到了层层设防、节节拦蓄、分散径流、减少泥沙的作用,并且使各项措施有机地结合起来,在拦蓄、截留、利用、排泄、疏通上形成了一个完整的防护体系,有效地控制了水土流失。

4.2 建立五大基地

本着“综合开发、提高效益”的原则,研究人员在搞好流域治理的同时,合理调配各业用地,积极引导农民发展多种经营,在建设四道防线的同时也逐步确立形成了“粮食、林草、果品、制种、烟叶”五大基地。

(1)坡顶的林草基地;

(2)坡面的石榴、红果等果品基地;

(3)坡脚梯田的粮食基地和烟叶基地;

(4)沟坝地的制种基地。

随着制种、果品、烟叶等基地的形成,流域经济由原来的单一经济发展成为多种经济形式并存,农民收入明显提高,生产和生活条件也发生了较大变化。

5　建立、健全管理体系

小流域治理工作,是一项复杂的系统工程,牵涉到方方面面。没有健全的管理体系,很难保证和巩固治理成果。砖阳河小流域在治理初期,就建立和健全了管理体系,其组成如图 4-1 所示。

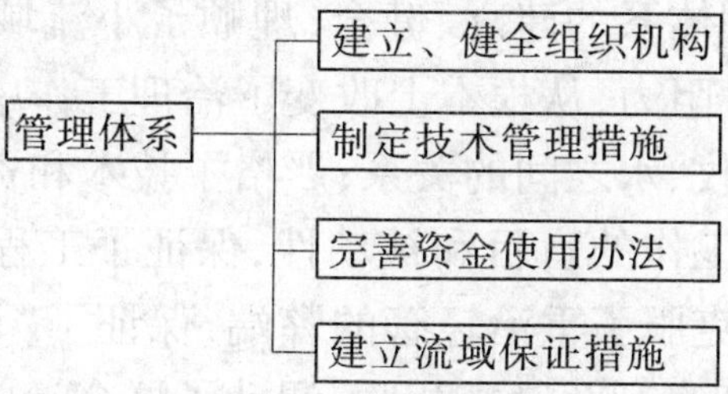

图 4-1　管理体系组成

5.1　建立健全组织机构

从市至村健全了三级领导机构。

市属机构:济源市水土保持工作领导小组(水利局);

乡属机构:砖阳河小流域治理领导办公室(乡水利服务站);

村属机构:村小流域治理领导小组。

5.2　制定技术管理措施

技术管理措施的制定,是为了更有效地从技术上指导和监督流域治理,其主要措施和路线为:总体规划—年度实施规划—科研应用—工程治理—质量监测—年度小结与验收—资料归档。

5.3　完善资金使用办法

建设资金采取集中掌握、倾斜使用、择优投放、加强管理的使用原则。具体做法是:一是统一补助范围和标准;二是全面实施“以奖代补”;三是严格资金报账制。

5.4　建立流域治理保证措施

(1)宣传:内容包括法律法规、治理意义、治理技术、先进典型等。方式有广播、专栏,宣传材料等。

(2)培训:培训对象为水土保持技术人员、监察人员和乡村技术骨干。形式采取定期与不定期、集中和编发材料自学相结合的方法。

(3)规范租赁、承包、“四荒”拍卖等治理形式,稳定和完善有关鼓励政策。

(4)管护:首先明确生物、工程措施的管护范围和要求;其次由乡、村成立管护领导机构,并建立岗位目标责任制,实行乡与村、村与户及专业队签订《管护任务责任书》,明确项目、权益和年限。

砖阳河小流域管理体系的建立、健全,理顺了小流域内各方面的关系,克服了治理过程中的各种阻力,从根本上改变了治理工作中各行其事、各投其资的局面,协调了农、林、牧、水之间的关系;严格了技术和资金使用,提高了资金利用效果,克服了治理工作的盲目和被动性,保证了工程质量和进度;建立了小流域治理保证措施,克服了重治轻管的弊端,保证了“治一片,成一片,受益一片”;使治理与群众切身利益紧密相联,调动了群众治山治水的积极性。

6 治理成果

通过1995~1998年的水土保持综合治理,砖阳河小流域的各项水土保持措施已有机地结合起来,自上而下形成了四道防线,达到了控制水土流失、生态环境明显好转、群众生活明显提高的目的。

到1998年治理期末,依据技术规范《水土保持综合治理验收规范》(GB/T 5773—1995)中质量标准附录B中有关规定,符合质量标准的各项治理措施保存数量为:新增治理保存面积16.33 km^2,其中坡改梯1 023 hm^2,整地造林184.88 hm^2,经济林289.28 hm^2,封育治理135.87 hm^2,塘坝3座,淤地坝2座,顺河堰6 500 m。谷坊440座。治理程度达81.42%,林草面积占宜林宜草面积的85.1%。覆盖率提高到37.5%。实现了“减少入库泥沙、改善生态环境、发展农村经济、促进群众脱贫致富”的总目标,为风化砂页岩地区小流域综合治理树立了样板。

第五篇　风化砂页岩区水土保持综合治理效益分析

水土保持综合治理效益包括基础效益(保水、保土)、经济效益、社会效益和生态效益四类,其相互之间的关系是:在保水保土效益的基础上,产生经济效益、社会效益和生态效益。

效益分析计算原则和依据是《水土保持技术规范　效益分析》(GB/T 15774—1995);效益计算的数据资料来源是以观测和调研的数据资料为基础;观测资料主要是在项目区内选择有代表性的小流域布设试验小区取得;调查研究资料,主要是在项目区内进行多点调查获得。不论是观测还是调查资料,均经综合分析与核实,在肯定其确有代表性后方纳入计算。

风化砂页岩区水土保持综合治理效益分析计算的方法和步骤为:分析确定单项治理措施效益指标(以观测和调研资料为主)—推求典型小流域(白马河)水土保持综合治理效益—预测整个小浪底库区上游风化砂页岩地区水土保持综合治理效益。

在效益分析计算中,对基础效益中的减水效益和经济效益以定量分析为主,生态效益和社会效益只进行定性描述。

1　单项治理措施效益分析

主要分析在小浪底库区风化砂页岩地区具有代表性的水土保持单项技术措施效益指标。这些技术措施包括三类:①坡面工程技术措施:梯田;②生物技术措施:水土保持林、经果林、封禁治理等;③沟道工程技术措施:谷坊、淤地坝等。

1.1　梯田

梯田效益分析采用神仙沟小流域实测值;神仙沟流域距小浪底水库大坝6.5 km,同属于小浪底库区风化砂页岩水土流失类型区,总面积24.5 km^2。治理前(坡耕地)和治理后(梯田)的径流模数、侵蚀模数、年产量等实测值见表5-1。

表 5-1　梯田实施前后各项参数对比

措施分类	无措施(坡耕地)			有措施(梯田)		
分项指标	径流模数 W_{mb}(m³/hm²)	侵蚀模数 S_{mb}(t/hm²)	年产量 P_b (kg/hm²)	径流模数 W_{ma}(m³/hm²)	侵蚀模数 S_{ma}(t/hm²)	年产量 P_a (kg/hm²)
指标值	1 480	32.3	5 700	389	3.76	11 250

由表 5-1 可以计算出:

减流模数 $\Delta W_m = W_{mb} - W_{ma} = 1\ 480 - 389 = 1\ 091(\text{m}^3/\text{hm}^2)$

减沙模数 $\Delta S_m = S_{mb} - S_{ma} = 32.3 - 3.76 = 28.54(\text{t}/\text{hm}^2)$

直接增产效益:$\Delta P = P_a - P_b = 11\ 250 - 5\ 700 = 5\ 550(\text{kg}/\text{hm}^2)$

1.2　水土保持林

以同一水土流失类型区的虎岭小流域的栎树林作为对象,进行水土保持效益分析;治理前(荒山荒坡)和治理后(营造水土保持林)的径流模数、侵蚀模数、木材年蓄积量等实测值见表 5-2。

表 5-2　水土保持林(栎树)实施前后各项参数对比

分类	实施前			实施后		
分项指标	径流模数 W_{mb}(m³/hm²)	侵蚀模数 S_{mb}(t/hm²)	木材年蓄积量 P_b(m³/hm²)	径流模数 W_{ma}(m³/hm²)	侵蚀模数 S_{ma}(t/hm²)	木材年蓄积量 P_a(m³/hm²)
水土保持林	1 620	48.6	0	1 230	14.2	3.2

由表 5-2 可以计算出:

减流模数 $\Delta W_m = W_{mb} - W_{ma} = 1\ 620 - 1\ 230 = 390(\text{m}^3/\text{hm}^2)$

减沙模数 $\Delta S_m = S_{mb} - S_{ma} = 48.6 - 14.2 = 34.4(\text{t}/\text{hm}^2)$

木材年蓄积量增加 $\Delta P = P_a - P_b = 3.2 - 0 = 3.2(\text{m}^3/\text{hm}^2)$

1.3　经果林

经果林效益分析采用在该流失类型区具有典型代表性的石榴作为研究对象,按照有措施和无措施两种情况进行对比观测,结果见表 5-3。

表 5-3 经果林(石榴)实施前后各项参数对比

分类	实施前			实施后(3年)		
分项指标	径流模数 W_{mb}(m³/hm²)	侵蚀模数 S_{mb}(t/hm²)	果品年产量 P_b(kg/hm²)	径流模数 W_{ma}(m³/hm²)	侵蚀模数 S_{ma}(t/hm²)	果品年产量 P_a(kg/hm²)
石榴	1 570	43.3	0	530	12.1	9 750

由表 5-3 可以计算出:

减流模数 $\Delta W_m = W_{mb} - W_{ma} = 1\ 570 - 530 = 1\ 040(\mathrm{m^3/hm^2})$

减沙模数 $\Delta S_m = S_{mb} - S_{ma} = 43.3 - 12.1 = 31.2(\mathrm{t/hm^2})$

果品年产量增加 $\Delta P = P_a - P_b = 9\ 750 - 0 = 9\ 750(\mathrm{kg/hm^2})$

1.4 封禁治理

封禁治理措施效益计算以虎岭河小流域实测值进行对比分析计算,其封育树种为栎树;封禁治理措施实施前后其径流模数、侵蚀模数、木材年蓄积量实测值见表 5-4。

表 5-4 封禁治理措施实施前后各项参数对比

分类	封禁前			封禁后		
分项指标	径流模数 W_{mb}(m³/hm²)	侵蚀模数 S_{mb}(t/hm²)	木材年蓄积量 P_b(m³/hm²)	径流模数 W_{ma}(m³/hm²)	侵蚀模数 S_{ma}(t/hm²)	木材年蓄积量 P_a(m³/hm²)
栎树	1 693	95.6	0	1 526	76.2	1.7

由表 5-4 可以计算出:

减流模数 $\Delta W_m = W_{mb} - W_{ma} = 1\ 693 - 1\ 526 = 167(\mathrm{m^3/hm^2})$

减沙模数:$\Delta S_m = S_{mb} - S_{ma} = 95.6 - 76.2 = 19.4(\mathrm{t/hm^2})$

木材年蓄积量增加:$\Delta P = P_a - P_b = 1.7 - 0 = 1.7(\mathrm{m^3/hm^2})$

1.5 沟道工程技术措施

风化砂页岩水土流失类型区主要采用的沟道工程为谷坊和淤地坝,其效益指标采用典型推算法。根据调查,风化砂页岩水土流失类型区内已建的谷坊和淤地坝,谷坊容积多数在 25 ~ 35 m³,淤地坝容积多数在 2 300 ~ 3 300

m^3,不同坡度和宽度对其容积有影响,淤积年限谷坊为3年,淤地坝为5年。因此,经综合分析,确定其减沙效益指标为(土壤容重:1.58 g/cm^3):谷坊24 t/座,淤地坝885 t/座。

2　典型小流域(白马河)水土保持综合治理效益

白马河流域地处济源市西北部的黄河北岸,距离小浪底大坝仅3.5 km,是典型的风化砂页岩水土流失类型区,流域总面积37.86 km^2。

该流域1999年开始实施综合治理,2002年底全面完成水土保持综合治理技术措施配置。治理期末,各项技术措施保存面积为:梯田788 hm^2,经果林192 hm^2,水土保持林1 780 hm^2,封禁治理面积231 hm^2,淤地坝30座、谷坊850座。治理程度达到93.4%。

2.1　综合治理技术措施实施前的流域概况

流域地处济源市西部,属浅山丘陵区。流域内沟壑纵横,地形破碎,沟壑密度为2.6 km/ km^2,干沟长10.2 km,主要支沟长11.1 km,沟道比降为3.7‰。地势西北高、东南低,海拔多在300 m以下,坡面较陡,相对高差100～200 m。

流域属暖温带大陆性季风气候,多年平均气温14.3 ℃,无霜期223 d,日照充分,年均日照时数2 364 h,平均日照率54%。多年平均降水量696 mm,且年际变幅大,年内分配也不均匀,6～9份降水量占全年的60%～80%,多以暴雨形式出现。多年平均蒸发量1 700 mm。干旱指数1.72。

土壤类型主要有红黏土、黄土、沙壤土三种。其中红黏土分布在山岭上部,坡度缓,是主要的耕作土壤;黄土和沙壤土主要分布在沟谷中下部。

主要树种有刺槐、侧柏、栎树、红果、石榴。林草覆盖率10.6%。主要种植作物有小麦、玉米,一年两熟,复种指数为1.7。

土地总面积为37.86 km^2,其中农地1 170 hm^2、果园44.7 hm^2、林地355.7 hm^2、水域41 hm^2、荒地1 999 hm^2(占总面积的52.8%)、未利用地和其他利用地176 hm^2。总人口9 535人,总劳力4 983人。多年平均年粮食总产534万kg,人均560 kg;治理前的1999年农业总产值2 300万元。

2.2　水土流失情况

治理前水土流失面积29.95 km^2,占流域总面积的79.1%,造成水土流失的原因主要是地形破碎、降雨集中、植被覆盖度低、土壤质地差、岩石风化严重等自然因素和不合理的生产活动与掠夺式经营等人为因素。

年平均土壤流失量为 18.93 万 t，土壤侵蚀模数在 4 000 ~ 6 000 t/(km^2·a)。轻度、中度、强度侵蚀面积分别为 9.33 km^2、14.26 km^2、5.96 km^2，分别占流域水土流失总面积的 32.5%、47.6% 和 19.9%。主要土壤流失源为坡耕地、荒坡、裸地。土壤侵蚀类型为水力侵蚀，侵蚀形式以沟蚀和面蚀为主。

2.3　采取的水土保持综合治理技术措施

白马河小流域水土保持综合技术措施配置内容、规模和数量，依据部颁《水土保持综合治理技术规范》(GB/T 16453—1998)的规定，本着充分有效利用水土资源、改善生态环境、促进社会经济可持续发展的原则，科学规划、统筹安排、因地制宜地布设各种措施，使治沟与治坡相结合、工程措施与生物措施相结合，形成完整的防护体系。配置的主要技术措施有：

(1)梯田。在土层厚、肥力高的坡面，首先建设基本农田。

(2)经果林。在土层厚、立地条件较好的坡面发展以石榴、核桃为主的经果林。

(3)水土保持林。在土层较厚、立地条件较差的荒坡采用鱼鳞坑整地等措施，栽植侧柏、臭椿等适生水土保持林。

(4)封禁治理。在风化砂页岩裸露区采取封禁与适当撒播臭椿相结合。

(5)沟道工程。沟道工程的重点是修建以拦淤为主的淤地坝、谷坊等小型水利水土保持工程，与坡面生物措施有机配合，达到防治水土流失的目的。

2.4　治理成效

白马河小流域从 1999 年开始治理，到 2002 年全面竣工。据统计，新增治理保存面积 29.91 km^2，其中基本农田 788 hm^2，经果林 192 hm^2，水土保持林 1 780 hm^2，封禁 231 hm^2。淤地坝 30 座，谷坊 850 座。治理程度达93.4%。

2.5　综合治理效益

2.5.1　蓄水效益

主要计算新增基本农田、水土保持林、经果林、封禁治理等措施拦蓄的径流量，计算结果见表 5-5。

表 5-5　蓄水效益计算

项目	梯田 (hm^2)	水土保持林 (hm^2)	经果林 (hm^2)	封禁治理 (hm^2)	淤地坝 (座)	合计
工程数量	788	1 780	192	231	30	
蓄水定额 (m^3)	1 091	1 040	350	167	2 800	
蓄水量 (万 m^3)	85.97	185.12	6.72	3.86	7.8	290.07

计算结果:梯田、水土保持林、经果林等综合治理技术措施实施后,每年可拦蓄地表径流 290.07 万 m^3,平均减水模数为 7.66 万 $m^3/(km^2 \cdot a)$。

2.5.2　保土减沙效益

水土保持综合治理技术措施保土效益为各单项治理技术措施保土效益的总和。

各单项治理技术措施保土效益 = 单项治理技术措施面积 × 减沙模数,列表计算见表 5-6。

表 5-6　保土效益计算

项目	梯田 (hm^2)	水土保持林(hm^2)	经果林 (hm^2)	封禁治理 (hm^2)	淤地坝 (座)	谷坊 (座)	合计
工程数量	788	1 780	192	231	30	850	
减沙定额 (m^3)	28.54	34.4	31.2	19.4	885	24	
减沙量 (万 m^3)	2.25	6.12	0.6	0.45	2.65	2.04	14.11

由表 5-6 可以看出,各项治理技术措施每年可以减少泥沙 14.11 万 t,减沙效率 74.5%,减沙模数 0.37 万 $t/(km^2 \cdot a)$。

2.5.3　直接经济效益

小流域水土保持综合治理技术措施直接经济效益为各单项治理技术措施直接经济效益之和。

各单项治理技术措施经济效益 = 单项治理技术措施面积 × 经济效益指标，列表计算见表 5-7。

表 5-7　经济效益计算

项目	梯田（hm^2）	水土保持林（hm^2）	经果林（hm^2）	封禁治理（hm^2）	合计	备注
工程数量	788	1 780	192	231		
效益定额（元）	5 550	640	39 000	340		粮食单价 1.0 元/kg，木材 2.00 元/m^3，干鲜果 4.00 元/kg
产值（万元）	437.34	113.92	748.80	7.854	1 307.914	

经计算，各项治理技术措施完全发挥效益后，流域内经济状况将会得到较大改善，每年新增粮食 437.34 万 kg，新增木材 5 696 m^3，新增果品 187.2 万 kg。每年将新增产值 1 307.914 万元，人均增加收入 1 372 元。

同时，坡耕地全部转化成基本农田后，还将节约土地 382 hm^2，节约劳力 1.15 万个，各类果品就地加工后，还将产生较大的经济效益。这对改善群众生活、促进山区脱贫致富、稳定农村工作将起到积极的作用。

3　小浪底库区上游风化砂页岩区实施水土保持综合治理措施后的效益预测

3.1　预测方法

以典型小流域（白马河流域）治理效益为基准效益值，推算整个小浪底库区上游风化砂页岩地区的综合治理效益。效益预测，只作静态计算，不作动态分析，效益计算期为 30 年。

3.2　基准效益值

根据以上结果分析计算：白马河流域综合治理技术措施实施后，每年可蓄水 290.07 万 m^3，保土 14.11 万 t，直接经济效益达 1 307.914 万元。按照面积平均，年保水效益为 7.66 万 m^3/km^2，年保土效益为 0.37 万 t/km^2，年直接经济效益为 34.55 万元/km^2。

3.3　小浪底库区上游风化砂页岩地区综合治理效益预测

3.3.1　基础效益（保水、保土）

小浪底水库库区风化砂页岩及整个库区水土流失得到全部治理，年保水：7.66×3 004.94＝23 017.8（万 m^3），30 年累计可保水 690 534 万 m^3，年保土 0.37×3 004.94＝1 111.8（万 t）；30 年累计可保土 33 354 万 t。

通过计算可知，在小浪底库区上游风化砂页岩地区实施水土保持综合治理技术措施。其效益是非常明显的，特别是保水保土效益，每年减少径流 23 017.8 万 m^3；累计减少入库泥沙 33 354 万 t，占小浪底死库容 75.5 亿 m^3 的 3.2%，相当于延长小浪底水库使用年限 1～2 年；由此而产生的防洪、灌溉、水力发电等效益十分巨大；以排挖入库泥沙 20 元/t 计算，仅此一项，可减少河道及水库淤积造成的经济损失 667 080 万元。

3.3.2　经济效益

年直接经济效益：34.55×3 004.94＝103 820.7（万元）；累计 3 114 621 万元。

项目区内总人口 16.7 万人，年人均增收 1 334 元；同时，如果进行果品深加工和编织加工，还会产生巨大的间接效益。

3.3.3　生态效益

生态效益主要表现在以下几个方面：

一是改善了土壤的理化性质和性状，土层变厚，氮、磷、钾养分含量增高，土壤肥力增强。

二是表现在局部小气候的改变上。林草措施有利于促进土壤涵养水分，防风减沙。措施完全实施后，库区上游暴雨和洪水将会减弱，清水常流，风调雨顺。

三是加大了林草面积，提高了植被覆盖度，林草茂密，山清水秀，也有利于野生动物和鸟类的栖息和繁衍，有利于生态系统的良性循环。

3.3.4　社会效益

小浪底库区上游风化砂页岩地区实施水土保持综合治理后，其社会效益十分显著。

一是提高了库区上游地区的土地利用率和产出率，改善了项目区农业经济结构。项目区全面实施治理后，土地利用率和产出率明显提高，土地利用结构和经济结构也将趋于优化，农村经济快速发展，人均收入迅猛增长，将呈现五谷丰登、六畜兴旺、人民安居乐业的大好局面。

二是减轻了区域的自然灾害。生物和工程措施将有效防治水土流失,做到“水、土不下山”,气候和水资源状况也会明显改善。风、沙、暴雨、洪水、干旱等自然灾害逐年减轻,逐步变为风调雨顺。

三是带动相关产业的发展。风化砂页岩区地处中原腹地,人文历史景观较多,风化砂页岩地区达到彻底根治后,生态环境明显好转,加上著名的小浪底水库,参观者、旅游者会成倍增长。旅游业的发展,还将带动相关产业的发展,使库区上游、中原腹地,更加繁荣昌盛。